"十三五"高等职业教育规划教材

AutoCAD 建筑设计
任务教程

刘　正　编著

U0316598

中国铁道出版社有限公司
CHINA RAILWAY PUBLISHING HOUSE CO., LTD.

内 容 简 介

本书以任务带命令的方式，由易到难，详细介绍了 AutoCAD 的基本操作、绘制二维和三维图形的方法、绘图的实用技巧，以及绘制建筑施工图的具体操作步骤和方法。

本书共分 8 个单元，主要内容包括：绘制基本图形，绘制家具、卫浴平面图，绘制户型平面图，绘制家具轴测图，书写文字，标注建筑平面图尺寸，创建家具、户型三维模型及综合实战案例等。

本书的特色之处是任务实例操作步骤具体，讲解深入细致，条理清楚，具有很强的实用性、指导性和操作性。同时，每个实例所需的命令在演练前都以小实例的方式进行了详细讲解，易于接受，并将大部分实例的绘制过程录制成视频，通过扫二维码可以观看相关视频，可作为读者学习时的参考和指导。

本书适合作为高等职业院校建筑设计专业、环境艺术专业及相关专业学生的教材用书，同时也适用于从事 AutoCAD 辅助设计人员的自学指导书。

图书在版编目（CIP）数据

AutoCAD 建筑设计任务教程/刘正编著.—北京：
中国铁道出版社，2018.9 (2020.12重印)
"十三五"高等职业教育规划教材
ISBN 978-7-113-24872-7

Ⅰ.①A… Ⅱ.①刘… Ⅲ.①建筑设计-计算机辅助设计-
AutoCAD 软件-高等职业教育-教材 Ⅳ.①TU201.4

中国版本图书馆 CIP 数据核字(2018)第 194047 号

书　　名：AutoCAD 建筑设计任务教程
作　　者：刘　正

策　　划：翟玉峰　　　　　　　　　　　编辑部电话：（010）83517321
责任编辑：翟玉峰　包　宁
封面设计：付　巍
封面制作：刘　颖
责任校对：张玉华
责任印制：樊启鹏

出版发行：中国铁道出版社有限公司（100054，北京市西城区右安门西街 8 号）
网　　址：http://www.tdpress.com/51eds/
印　　刷：北京建宏印刷有限公司
版　　次：2018 年 9 月第 1 版　2020 年12月第 2 次印刷
开　　本：787 mm×1 092 mm　1/16　印张：11.75　字数：277 千
书　　号：ISBN 978-7-113-24872-7
定　　价：35.00 元

前 言

随着计算机技术的飞速发展，计算机辅助设计及绘图软件的应用越来越广泛，其应用遍及机械、建筑、电子、轻工、航天、造船、石油化工及军事等各个领域。AutoCAD 是一款计算机辅助设计软件，是目前应用最为普遍的设计软件之一。它的推出彻底改变了传统的绘图模式，极大地提高了设计效率，深受广大工程技术人员的欢迎。使用计算机软件进行设计绘图已是大势所趋，掌握 AutoCAD 软件已成为技术人员的必备能力。

本书共分 8 个单元，主要内容简要概括如下：

单元 1：介绍如何使用 AutoCAD 绘制平面图形，分别以绘制图框和绘制平面图形为具体实例，讲解基本的绘图命令和编辑命令以及绘制基本图形的技巧和方法，并详细介绍了图层的设置及控制方法。

单元 2：结合绘制家具平面图和卫浴平面图的具体实例介绍了较为常用的绘图命令和编辑命令及绘图技巧。

单元 3：结合绘制户型平面图的具体实例介绍了多段线命令和多线命令的使用方法，以及多线样式的设置。在实例中，还详尽介绍了绘制户型平面图的具体操作步骤和方法。

单元 4：结合绘制几何体轴测图和家具轴测图的具体实例详细介绍了绘制轴测图的具体步骤及绘制要点。

单元 5：结合具体实例介绍了如何使用单行文字命令和多行文字命令书写文本，以及编辑文本的常用方法。

单元 6：结合具体实例讲述了如何标注平面图尺寸和建筑平面图尺寸，如何编辑各种类型的尺寸，以及如何控制尺寸标注的外观等。

单元 7：通过创建几何形体三维模型、家具餐具三维模型，到创建户型三维模型，由易到难，循序渐进地讲述了 AutoCAD 的三维造型功能，在收录的视频教学中还对以上三维模型进行了渲染，使模型更加形象逼真。

单元 8：本单元为综合实例演练，通过具体实例说明绘制建筑总平面图、平面图、立面图的方法和技巧。本单元中的各个任务构成一个完整的案例，为了更加形象具体地展现本案例，也为了巩固三维建模知识，本单元的最后创建了建筑的实体模型及小区三维立体模型，从而更加直观地展现新建建筑和整个小区的全貌。

本书采用大量精心设计的实例，语言通俗易懂，操作步骤详细，具有很强的实用性、指导性和操作性。本书适合作为高等职业院校建筑设计专业、环境艺术专业及相关专业学生的学习用书，也适用于从事 AutoCAD 辅助设计人员的自学指导书，以及社会 AutoCAD 培训班的配套教材。

本书在编写过程中得到李锋、黄倩和刘津生等老师们的大力帮助，在此表示衷心的感谢！

欢迎广大读者将本书的不足之处告知我们，以便今后修订和补充，同时也可线上交流。电子邮箱：liuzhengapple@126.com。

编　者

2018 年 4 月

目录

单元 1　绘制平面图形

在我们的学习和工作中，无论要绘制的图形有多复杂，绘制平面图形是基础。绘制平面图形需要掌握 AutoCAD 最基础的几个命令。本项目绘制的平面图形，由易到难，并对基础命令加以实例演练。

● 学习目标

1. 了解 AutoCAD 2012 版的用户界面。
2. 掌握直线命令、删除命令及对象捕捉和正交模式等相关内容。
3. 能够运用相关命令绘制图框及平面图形，并掌握绘图技巧。

● 学习提示

该单元主要练习绘制平面图，它由两个任务组成，从绘制图框开始，由易到难，循序渐进的讲解绘制平面图形所需要的绘图命令，讲解绘图步骤及方法。这两个任务是：

任务 1　绘制图框。
任务 2　绘制平面图形。

任 务 1　绘 制 图 框

任务描述

绘制工程图首先就是选图幅，绘制图框，要完成该任务，需要掌握 AutoCAD 最基本的几个命令。该任务首先对基本命令进行介绍，然后通过绘制如图 1-1 所示的 A3 图框，对基本命令进行实例演练，加以巩固。通过绘制图框，从而掌握设定绘图区域大小命令、缩放命令、直线命令、删除命令及对象捕捉和正交模式等相关内容。

任务分析

本任务主要让学生了解 AutoCAD 最基本的操作技能，绘制图框的目的主要是练习直线命令。在整个图框的绘制过程中，坐标点的输入是难点。

相关知识

绘制图框，需要掌握以下相关知识：

1．AutoCAD 的用户界面

启动 AutoCAD 2012 后，其用户界面如图 1-2 所示，主要由快速访问工具栏、功能区、绘图窗口、命令提示窗口和状态栏等部分组成。

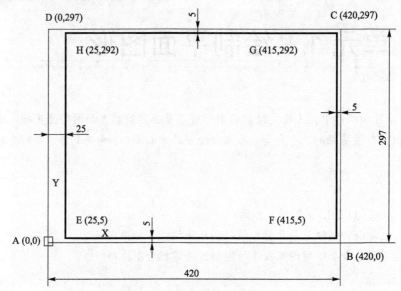

图 1-1 A3 图框

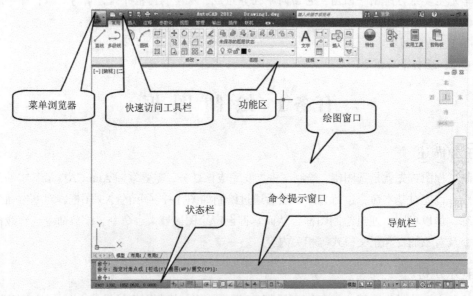

图 1-2 AutoCAD 2012 用户界面

2．设定绘图区域的大小（LIMITS）

从理论上讲，AutoCAD 的作图空间是无限大的。但设置绘图界限将有助于对图形的管理。图形界限限制了栅格和缩放的显示区域。系统默认的图形界限为一个矩形区域。该命令的启动方式及启动后命令窗口的提示为：

① 命令行：Limits↙

② 下拉菜单：格式→图形界限

指定左下角点或 [开(ON)/关(OFF)]<0.0000,0.0000>:
指定右上角点<420.0000,297.0000>:

用户可回车接受其默认值或输入新坐标值，以确定绘图的范围。设定图形界限后，系统绘图区没有任何变化，单击状态栏上的"栅格"按钮，可以栅格显示图形界限的范围。

"开(ON)"或"关(OFF)"选项用来设置能否在图形界限之外输入点。

工程图常用的幅面格式如图 1-3 所示，幅面标准如表 1-1。

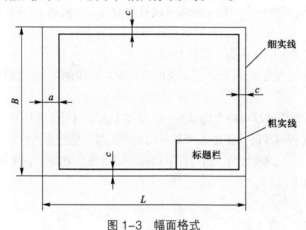

图 1-3　幅面格式

表 1-1　幅面标准

幅面代号	A0	A1	A2	A3	A4
$B×L$	841× 1189	594× 841	420× 594	297× 420	210× 297
a	25				
c	10		5		
e	20		10		

3. 显示控制命令-视窗缩放（ZOOM）

在图形中绘制局部细节时，可能经常需要将该部分放大，也可能需要将图形缩小以观察总体布局。视窗缩放命令类似于使用相机进行缩放，可以通过放大和缩小操作改变视图的比例，按用户指定的范围显示图形。该命令只改变视图的比例，而不改变图形中对象的绝对大小。

使用该命令可以方便地观察在当前视窗中太大或太小的图形，或准确地实行对象捕捉等操作，绘图过程中会经常用到这一命令。

启动方式：

① 命令行：ZOOM↙　或 Z↙

② 下拉菜单：视图→缩放

③ 面板：功能区面板图标▧

启动后，命令窗口显示如下提示信息：

指定窗口角点，输入比例因子 (nX 或 nXP)，或

[全部(A)/中心(C)/动态(D)/范围(E)/上一个(P)/比例(S)/窗口(W)/对象(O)]<实时>：

选项含义：

① 全部（A）：缩放显示栅格界限或当前图形范围中较大的区域，并最大限度地充满整个屏幕。

② 中心（C）：缩放显示由中心点和放大比例（或高度）所定义的窗口。高度值较小，增加放大比例。高度值较大时减小放大比例。

③ 动态（D）：缩放显示在视图框中的部分图形。

④ 范围（E）：缩放以显示图形范围并使所有对象最大显示。

⑤ 上一个（P）：返回前一个视图（最多可恢复此前的十个视图），该方式的工具按钮 在"标准"工具栏上。

⑥ 比例（S）：以指定的比例因子缩放显示。

⑦ 窗口（W）：缩放显示由两个角点定义的矩形窗口框定的区域。窗口方式为默认的视窗缩放方式。

⑧ 对象（O）：缩放以便尽可能大地显示一个或多个选定的对象并使其位于绘图区域的中心。

在命令提示下直接按回车键，则进入<>括号内的"实时"缩放方式。在该方式下，光标将变为带有加号（+）和减号（-）的放大镜。通过按下鼠标左键沿垂直方向上下拖动，来控制图形的显示。

4．直线命令（LINE）

启动方式

① 命令行：LINE✓ 或 L✓

② 下拉菜单：绘图 → 直线

③ 面板：功能区面板图标

以下是绘制一个 200×100 的矩形，如图 1-4 所示，命令提示过程如下：

命令：_line 指定第一点：（在此提示下可用鼠标在屏幕上任取一点）
指定下一点或 [放弃(U)]：@200,0✓ （U 选项可撤销错误的绘图步骤）
指定下一点或 [放弃(U)]：@0,100✓
指定下一点或 [闭合(C)/放弃(U)]：@-200,0✓
指定下一点或 [闭合(C)/放弃(U)]：C✓ （C 选项为封闭图形并结束命令）

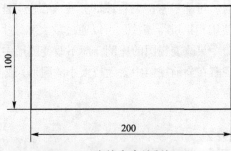

图 1-4 直线命令绘制矩形

例 1：使用直线命令绘制如图 1-5 所示的三角形，可进行如下操作。

命令：_line 指定第一点：（在屏幕上任意拾取一点）

指定下一点或 [放弃(U)]:　@-200,0✓

指定下一点或 [放弃(U)]:　@300<30✓

指定下一点或 [闭合(C)/放弃(U)]:　C✓（结束）

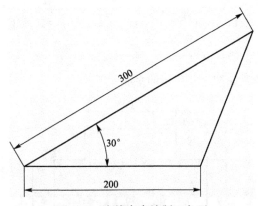

图 1-5　直线命令绘制三角形

例 2： 使用直线命令绘制如图 1-6 所示的平面图形。

分析图形：绘图顺序可为 A→B→C→D→E→F→G→H→I（也可反向绘制）。

命令：_line 指定第一点：　（在此提示下可用鼠标在屏幕上任意拾取一点作为 A 点）

　　指定下一点或 [放弃(U)]: 10✓　　　　（给出线段方向，将鼠标移至 A 点左侧，输入位移量 10，得到 B 点）

　　指定下一点或 [放弃(U)]: 10✓　　　　（给出线段方向，将鼠标移至 B 点下方，输入位移量 10，得到 C 点）

　　指定下一点或 [闭合(C)/放弃(U)]: 10✓　　（给出线段方向，将鼠标移至 C 点右侧，输入位移量 10，得到 D 点）

　　指定下一点或 [闭合(C)/放弃(U)]: 10✓　　（给出线段方向，将鼠标移至 D 点下方，输入位移量 10，得到 E 点）

　　指定下一点或 [闭合(C)/放弃(U)]: 10✓　　（给出线段方向，将鼠标移至 E 点左侧，输入位移量 10，得到 F 点）

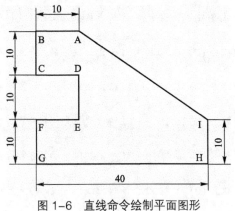

图 1-6　直线命令绘制平面图形

    指定下一点或 [闭合(C)/放弃(U)]: 10↙   （给出线段方向，将鼠标移至 F 点下方，输入位移量 10，得到 G 点）

    指定下一点或 [闭合(C)/放弃(U)]: 40↙   （给出线段方向，将鼠标移至 G 点右侧，输入位移量 40，得到 H 点）

    指定下一点或 [闭合(C)/放弃(U)]: 10↙   （给出线段方向，将鼠标移至 H 点上方，输入位移量 10，得到 I 点）

    指定下一点或 [闭合(C)/放弃(U)]: C↙   （结束）

例 3：使用直线命令绘制如图 1-7 所示的平面图形。

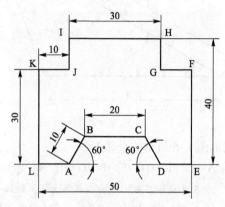

图 1-7   直线命令绘制平面图形

分析图形：绘图顺序可为 A→B→C→D→E→F→G→H→I→J→K→L。

    命令：_line 指定第一点: （在此提示下可用鼠标在屏幕上任意拾取一点作为 A 点）

    指定下一点或 [放弃(U)]: @10<60↙   （使用相对极坐标实现点的输入，得到 B 点）

    指定下一点或 [放弃(U)]: 20↙   （给出线段方向，输入位移，得到 C 点）

    指定下一点或 [闭合(C)/放弃(U)]: @10<-60↙   （使用相对极坐标实现点的输入，得到 D 点）

    指定下一点或 [闭合(C)/放弃(U)]: 10↙   （给出线段方向，将鼠标移至 D 点右侧，输入位移量 10，得到 E 点）

    指定下一点或 [闭合(C)/放弃(U)]: 30↙   （给出线段方向，将鼠标移至 E 点上方，输入位移量 30，得到 F 点）

    指定下一点或 [闭合(C)/放弃(U)]: 10↙   （给出线段方向，将鼠标移至 F 点左侧，输入位移量 10，得到 G 点）

    指定下一点或 [闭合(C)/放弃(U)]: 10↙   （给出线段方向，将鼠标移至 G 点上方，输入位移量 10，得到 H 点）

    指定下一点或 [闭合(C)/放弃(U)]: 30↙   （给出线段方向，将鼠标移至 H 点左侧，输入位移量 30，得到 I 点）

    指定下一点或 [闭合(C)/放弃(U)]: 10↙   （给出线段方向，将鼠标移至 I 点下方，输入位移量 10，得到 J 点）

    指定下一点或 [闭合(C)/放弃(U)]: 10↙   （给出线段方向，将鼠标移至 J 点左侧，输入位移量 10，得到 K 点）

    指定下一点或 [闭合(C)/放弃(U)]: 30↙   （给出线段方向，将鼠标移至 K 点下方，输入位移量 30，得到 L 点）

    指定下一点或 [闭合(C)/放弃(U)]: C↙   （结束）

5．删除命令（Erase）

启动方式

① 命令行：ERASE✓ 或 E✓

② 下拉菜单：修改 → 删除

③ 面板：功能区面板图标

命令：_erase
选择对象：（在此提示下可以依次选择要删除的图形，然后按回车键即可完成删除命令。）

6．使用对象捕捉精确画线

为帮助用户快速、准确地拾取特殊几何点，软件提供了一系列的对象捕捉工具，这些工具包含在对象捕捉工具栏上，启用对象捕捉功能的两种方式如图 1-8 所示，图 1-8（a）图为通过菜单方式启用；图 1-8（b）图为通过功能区启用。

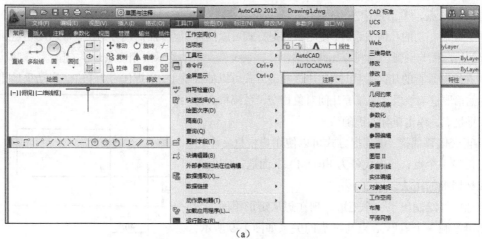

（a）

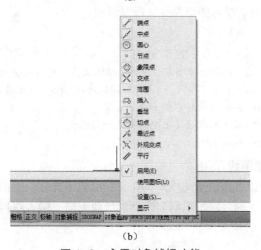

（b）

图 1-8　启用对象捕捉功能

以下就几种常用的捕捉方式进行讲解。

捕捉线段、圆弧等几何对象的端点，捕捉代号为 END。启动端点捕捉后，将光标移动到目标点附近，系统就会自动捕捉该点，然后再单击鼠标左键确认。

捕捉线段、圆弧等几何对象的中点，捕捉代号为 MID。启动中点捕捉后，将光标的拾取框与线段、圆弧等几何对象相交，系统就会自动捕捉这些对象的中点，然后再单击鼠标左键确认。

捕捉几何对象间真实的或延伸的交点，捕捉代号为 INT。启动交点捕捉后，将光标移动到目标点附近，系统就会自动捕捉该点，单击鼠标左键确认。若两个对象没有直接相交，可先将光标的拾取框放在其中一个对象上，单击鼠标左键，然后再把拾取框移动到另一个对象上，再单击鼠标左键，系统就会自动捕捉到它们的交点。

捕捉圆、圆弧及椭圆的中心，捕捉代号为 CEN。启动中心点捕捉后，将光标的拾取框与圆弧、椭圆等几何对象相交，系统就会自动捕捉这些对象的中心点，单击鼠标左键确认。

捕捉圆、圆弧和椭圆在 0°、90°、180° 或 270° 处的点（象限点），捕捉代号为 QUA。启动象限点捕捉后，将光标的拾取框与圆弧、椭圆等几何对象相交，系统就会自动显示出距拾取框最近的象限点，单击鼠标左键确认。

在绘制相切的几何关系时，使用该捕捉方式可以捕捉切点，捕捉代号为 TAN。启动切点捕捉后，将光标的拾取框与圆弧、椭圆等几何对象相交，系统就会自动显示出相切点，单击鼠标左键确认。

在绘制垂直的几何关系时，使用该捕捉方式可以捕捉垂足，捕捉代号为 PER。启动垂足捕捉后，将光标的拾取框与线段、圆弧等几何对象相交，系统将会自动捕捉垂足点，单击鼠标左键确认。

正交偏移捕捉，该捕捉方式可以使用户根据一个已知点定位另一个点，捕捉代号为 FROM。下面通过实例来说明偏移捕捉的用法。

例如已经绘制出了一个矩形，现在想从矩形里面的 B 点开始再绘制一个矩形，B 点与 A 点的关系如图 1-9 所示，绘制过程如下（因此处还没有学习矩形命令，所以暂用直线命令绘制）。

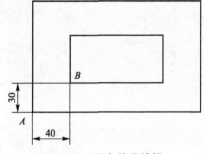

图 1-9　正交偏移捕捉

```
命令：_line 指定第一点：_from 基点：<偏移>：@40,30↙
（单击 按钮，再单击 按钮，移动鼠标光标，拾取 A 点，输入 B 点相对于 A 点的相对坐标）
指定下一点或 [放弃(U)]：　<极轴 开>　<对象捕捉追踪 开>（依次拾取下一个端点）
指定下一点或 [放弃(U)]：（依次拾取下一个端点）
指定下一点或 [闭合(C)/放弃(U)]：（依次拾取下一个端点）
指定下一点或 [闭合(C)/放弃(U)]：C↙（闭合）
```

7. 利用正交模式辅助画线

单击状态栏上的 按钮可激活正交模式，在正交模式下光标只能沿水平或竖直方向移动。画线时，若同时激活该模式，则只需给出所要绘制的线段方向，输入线段的长度值，系统就会自动画出水平或竖直的线段。

任务实现 ——绘制 A3 图框

以绘制 A3 图框为例，实现如图 1-1 所示的任务，其操作步骤如下。

1．设定绘图区域的大小

命令: Limits
指定左下角点或 [开(ON)/关(OFF)]<0.0000,0.0000>:✓
指定右上角点<420.00 00,297.0000>:✓

2．视窗缩放

命令: ZOOM
指定窗口角点, 输入比例因子 (nX 或 nXP), 或[全部(A)/中心(C)/动态(D)/范围(E)/上一个(P)/
比例(S)/窗口(W)/对象(O)]<实时>: A✓

3．绘制外部图框

命令: _line 指定第一点: 0,0✓	（输入 A 点坐标）
指定下一点或 [放弃(U)]: 420,0✓	（输入 B 点坐标）
指定下一点或 [放弃(U)]: 420,297✓	（输入 C 点坐标）
指定下一点或 [闭合(C)/放弃(U)]: 0,297✓	（输入 D 点坐标）
指定下一点或 [闭合(C)/放弃(U)]: C✓	

4．绘制内部图框

命令: _line 指定第一点: 25,5✓	（输入 E 点坐标）
指定下一点或 [放弃(U)]: 415,5✓	（输入 F 点坐标）
指定下一点或 [放弃(U)]: 415,292✓	（输入 G 点坐标）
指定下一点或 [闭合(C)/放弃(U)]: 25,292✓	（输入 H 点坐标）
指定下一点或 [闭合(C)/放弃(U)]: C✓	

任务 2　绘制平面图形

任务描述

　　绘制平面图形是绘制工程图的基础, 绘图前首先应该读懂图, 然后制定绘图顺序。学生通过绘制如图 1-10 所示的平面图形, 学习绘图技巧、设置图层、极轴追踪、自动追踪、矩形命令、圆命令、圆弧命令等相关内容, 同时还可学习绘制平面图形的方法、步骤等。

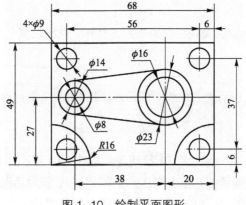

图 1-10　绘制平面图形

任务分析

本任务的目的主要是掌握绘制平面图形的基本方法，能够根据不同平面图形的特点分析出正确的绘图顺序，并且掌握一定的绘图技巧，从而提高绘图速度。

相关知识

绘制平面图形，需要掌握以下相关知识：

1．设置图层

图层是用户管理图样强有力的工具，AutoCAD 图层可看成是一张张透明的电子图纸，用户把各种类型的图形元素画在这些电子图纸上，AutoCAD 将它们叠加在一起显示出来。

（1）创建图层

单击"图层"面板上的 按钮，打开"图层特性管理器"对话框，如图 1-11 所示，再单击 按钮，列表框中显示名称为"图层 1"的图层，输入图层名，按 Enter 键结束。

（2）指定图层颜色

选中图层，单击与所选图层关联的颜色图标，打开"选择颜色"对话框，选择颜色，如图 1-12 所示。

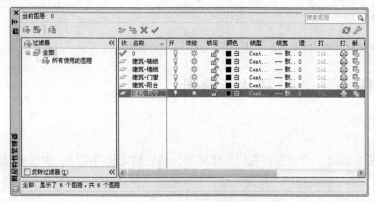

图 1-11　图层特性管理器对话框　　　　图 1-12　选择颜色对话框

（3）设置图层线型

选中图层，单击与所选图层关联的线型图标，打开"选择线型"对话框，选择所需线型，单击"确定"按钮。

（4）设置图层线宽

选中图层，单击与所选图层关联的线宽图标，打开"线宽"对话框，选择所需线宽，单击"确定"按钮。

（5）改变全局比例因子

打开"特性"面板上的"线型控制"下拉列表，如图 1-13 所示。在该下拉列表中选取"其他"选项，打开"线型管理器"对话框，单击"显示细节"按钮，该对话框底部将出现"详细信息"分组框，如图 1-14 所示。在"详细信息"分组框的"全局比例因子"文本框中输入新的比例值。

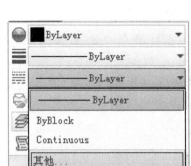

图 1-13　线型控制下拉列表

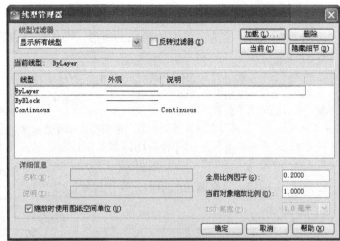

图 1-14　线型管理器对话框

2．极轴追踪

激活极轴追踪功能并执行相关命令后，光标就沿用户设定的极轴方向移动，AutoCAD 在该方向上显示一条追踪辅助线及光标点的极坐标值。如图 1-15 所示，启动直线命令，激活极轴追踪功能，输入线段的长度值，按 Enter 键，即绘制出指定方向的线段。

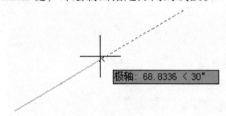

图 1-15　极轴追踪

3．自动追踪

自动追踪是指 AutoCAD 从一点开始自动沿某一方向进行追踪，追踪方向上将显示一条追踪辅助线及光标点的极坐标值。输入追踪距离，按 Enter 键，即确定了新的点。在使用自动追踪功能时，必须激活对象捕捉功能。AutoCAD 首先捕捉一个几何点作为追踪参考点，然后沿水平、竖直方向或设定的极轴方向进行追踪。

4．矩形命令（RECTANG）

启动方式

① 命令：RECTANG↙　或 REC↙

② 下拉菜单：绘图→ 矩形

③ 面板：功能区面板图标▢

以下是绘制一个 200×100 的矩形，如图 1-4 所示，操作过程如下。

```
命令：REC
指定第一个角点或 [倒角(C)/标高(E)/圆角(F)/厚度(T)/宽度(W)]：(拾取屏幕任意一点)
指定另一个角点或 [尺寸(D)]：@200,100↙
```

矩形命令也可绘制具有倒角或圆角的矩形。

以图 1-16 为例，绘制一个具有倒角的矩形，操作过程如下。

命令：REC

指定第一个角点或 [倒角(C)/标高(E)/圆角(F)/厚度(T)/宽度(W)]：C↙

指定矩形的第一个倒角距离 <0.0000>: 10↙

指定矩形的第二个倒角距离 <10.0000>: 10↙

（在此选项中，如第二个倒角距离和第一个相同，也可直接按回车确认。）

指定第一个角点或 [倒角(C)/标高(E)/圆角(F)/厚度(T)/宽度(W)]：（拾取屏幕任意一点）

指定另一个角点或 [尺寸(D)]：@100,50↙

绘制（图 1-17）具有圆角的矩形，操作过程同上。

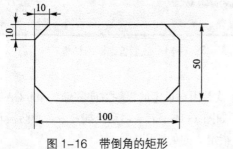

图 1-16 带倒角的矩形

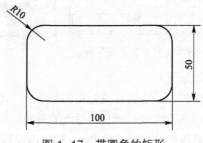

图 1-17 带圆角的矩形

5. 圆命令（CIRCLE）

启动方式

① 命令：CIRCLE↙　　或 C↙

② 下拉菜单：绘图 → 圆

③ 面板：功能区面板图标 ⊙

以图 1-18 为例，绘制图 1-18 中（a）、（b）、（c）三个图中 R50 的圆，其操作过程如下。

命令：_circle 指定圆的圆心或 [三点(3P)/两点(2P)/切点、切点、半径(T)]：_T↙

指定对象与圆的第一个切点：（在 A 点处单击）

指定对象与圆的第二个切点：（在 B 点处单击）

指定圆的半径：50↙

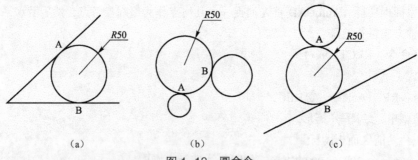

(a)　　　　　　　(b)　　　　　　　(c)

图 1-18 圆命令

需要注意的是：在"相切、相切、半径(T)"选项中，捕捉切点时一定要在最接近切点的位置单击。否则，有时可能会有意料之外的情况发生。

6. 圆弧命令（ARC）

启动方式

① 命令：ARC↙　　或 A↙

② 下拉菜单：绘图 → 圆弧

③ 面板：功能区面板图标

以下分别对 AutoCAD 绘制圆弧的几种方式作简要介绍。

① 三点（P）：依次输入起点、第二点、端点画圆弧。

② 起点、圆心、端点（S）：由起点向端点逆时针方向画圆弧。

③ 起点、圆心、角度（T）：输入角度为正值，从起点逆时针画圆弧；反之为顺时针。

④ 起点、圆心、长度（A）：均为逆时针画圆弧，弦长为正时，画小于半圆的圆弧。

⑤ 起点、端点、角度（N）：角度为正，从起点逆时针画圆弧；反之为顺时针。

⑥ 起点、端点、半径（R）：均为逆时针画圆弧，半径为正时，画小于半圆的圆弧。

⑦ 起点、端点、方向（D）：方向是指圆弧起点的切线方向。

⑧ 连续（O）：以最后一次画的圆弧或直线的终点为起点，按提示给出终点，所画圆弧与前一段圆弧或直线相切。

7. 修剪命令（TRIM）

启动方式

① 命令：TRIM↙　　或 TR↙

② 下拉菜单：修改 → 修剪

③ 面板：功能区面板图标

```
命令：_trim
当前设置：投影=UCS 边=无
选择剪切边 ...
选择对象或 <全部选择>：（选取作为边界的对象，若直接按回车键，则将选择当前图形的所有对象
为边界）
选择要修剪的对象，或按住 Shift 键选择要延伸的对象，或
[栏选(F)/窗交(C)/投影(P)/边(E)/删除(R)/放弃(U)]：（拾取要修剪的对象）
```

以图 1-19 为例，将图 1-19（a）修改成图 1-19（b），操作过程如下。

```
命令：_trim
选择剪切边...
选择对象：找到 1 个                （选择图 1-19（a）中的上方直线）
选择对象：找到 1 个，总计 2 个       （选择图 1-19（a）中的下方直线）
选择对象：↙
选择要修剪的对象，或 [投影(P)/边(E)/放弃(U)]：（选择图 1-19（a）中要修剪的左边半圆弧线条）
选择要修剪的对象，或 [投影(P)/边(E)/放弃(U)]：（选择图 1-19（a）中要修剪的右边半圆弧线条）
选择要修剪的对象，或 [投影(P)/边(E)/放弃(U)]：↙
```

修剪结果如图 1-19（b）所示。

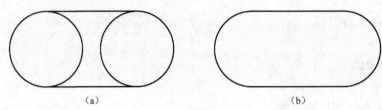

（a） （b）

图1-19 修剪命令

8. 阵列命令（ARRAY）

阵列命令分为矩形阵列、环形阵列及路径阵列。

以下就常用的矩形阵列命令和环形阵列命令，举例加以说明。

（1）矩形阵列（ARRAYRECT）

矩形阵列是指将对象按行、列方式进行排列。操作时，一般应指定阵列的行数、列数、行间距、列间距等。

启动方式

① 命令：ARRAYRECT✓

② 下拉菜单：修改 → 阵列→矩形阵列

③ 面板：功能区面板图标田

完成图1-20（a）所示的图形，操作步骤如下。

```
命令：_arrayrect
选择对象：指定对角点：找到 1 个（拾取源对象）
选择对象：✓
类型 = 矩形  关联 = 是
为项目数指定对角点或 [基点(B)/角度(A)/计数(C)] <计数>：C✓
输入行数或 [表达式(E)] <4>：3✓
输入列数或 [表达式(E)] <4>：✓
指定对角点以间隔项目或 [间距(S)] <间距>：S✓
指定行之间的距离或 [表达式(E)] <30>：40✓
指定列之间的距离或 [表达式(E)] <30>：30✓
按 Enter 键接受或 [关联(AS)/基点(B)/行(R)/列(C)/层(L)/退出(X)] <退出>：✓
```

（2）环形阵列（ARRAYPOLAR）

环形阵列是指将对象绕阵列中心等角度均匀分布。操作时，一般应指定阵列中心、阵列总角度及阵列数目。

启动方式

① 命令：ARRAYRECT✓

② 下拉菜单：修改 → 阵列→环形阵列

③ 面板：功能区面板图标

完成图1-20（b）所示的图形，操作步骤如下。

```
命令：_arraypolar
选择对象：找到 1 个（拾取源对象）
选择对象：✓
```

```
类型 = 极轴  关联 = 是
指定阵列的中心点或 [基点(B)/旋转轴(A)]：拾取圆心 1 点
输入项目数或 [项目间角度(A)/表达式(E)] <4>：6↙
指定填充角度(+=逆时针、-=顺时针) 或 [表达式(EX)] <360>：↙
按 Enter 键接受或 [关联(AS)/基点(B)/项目(I)/项目间角度(A)/填充角度(F)/行(ROW)/层
(L)/旋转项目(ROT)/退出(X)] ↙
```

（3）路径阵列（ARRAYPATH）

路径阵列是指将对象沿路径或部分路径均匀分布。路径对象可以是直线、多段线、样条曲线、圆及圆弧等。操作时，一般应指定阵列项目数、项目间距等数值。

启动方式

① 命令：ARRAYPATH↙

② 下拉菜单：修改 → 阵列→路径阵列

③ 面板：功能区面板图标

完成图 1-20（c）所示的图形，操作步骤如下。

```
命令：_arraypath
选择对象：找到 1 个（拾取源对象）
选择对象：↙
类型 = 路径  关联 = 是
选择路径曲线：（拾取样条线）
输入沿路径的项数或 [方向(O)/表达式(E)] <方向>：10↙
指定沿路径的项目之间的距离或 [定数等分(D)/总距离(T)/表达式(E)] <沿路径平均定数等分(D)>：↙
按 Enter 键接受或 [关联(AS)/基点(B)/项目(I)/行(R)/层(L)/对齐项目(A)/Z 方向(Z)/退出
(X)] <退出>：
```

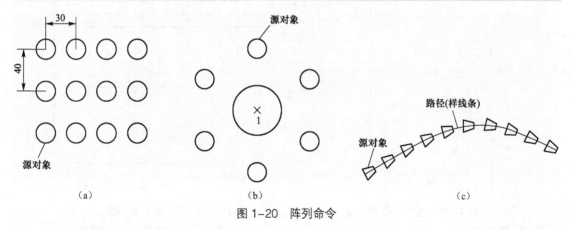

图 1-20　阵列命令

任务实现——绘制平面图形

绘制如图 1-10 所示的平面图形，操作步骤如下。

1．分析图形

① 读懂平面图。分析出哪些是定形尺寸，哪些是定位尺寸。

定形尺寸：$\phi9$、$\phi14$、$\phi8$、$\phi16$、$\phi23$、$R16$、49、68

绘制平面图形

定位尺寸：27、55、37、38、20、6

② 绘图原则：先定位，再定形，先主后次。

③ 确定绘图顺序。

首先绘制出定位线，再由内向外的顺序绘制各部分图形（此顺序本图较适宜）。

2. 绘图过程

① 设置图层：

名称	颜色	线型	线宽
轮廓线层	白色	Continuous	0.5
中心线层	蓝色	Center	默认

② 设定绘图区域大小为 100×100。

```
命令: limitis
指定左下角点或 [开(ON)/关(OFF)]<0.0000,0.0000>:↙
指定右上角点<420.0000,297.0000>:100,100↙
```

③ 视窗缩放。

```
命令: zoom
指定窗口角点，输入比例因子 (nX 或 nXP)，或[全部(A)/中心(C)/动态(D)/范围(E)/上一个(P)/
比例(S)/窗口(W)/对象(O)]<实时>: A↙
```

④ 使用直线命令绘制主要定位线（将中心线层设为当前层），如图 1-21 所示。

⑤ 使用直线命令绘制外轮廓线（将轮廓线层设为当前层），如图 1-22 所示。

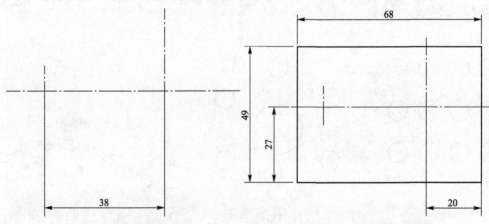

图 1-21　绘制主要定位线　　　　图 1-22　绘制最外轮廓线

⑥ 使用直线命令绘制其余定位线（将中心线层设为当前层），如图 1-23 所示。

⑦ 使用圆命令绘制中心部分的圆，使用直线命令，并利用对象捕捉中的切点，绘制切线（将轮廓线层设为当前层），如图 1-24 所示。

⑧ 使用圆命令绘制四周小圆，可以先绘制一个圆，再使用阵列命令绘制其余小圆。使用圆弧命令绘制两段圆弧（将轮廓线层设为当前层），完成图形，如图 1-25 所示。

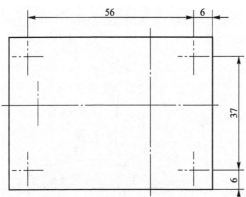

图 1-23 绘制其余定位线

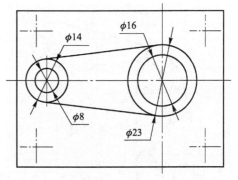

图 1-24 绘制中心部分的圆和切线

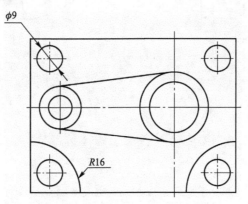

图 1-25 绘制四周小圆和两段弧

课后练习

绘制下列平面图形。

1. 绘制图 1-26 所示平面图。

2. 绘制图 1-27 所示平面图。

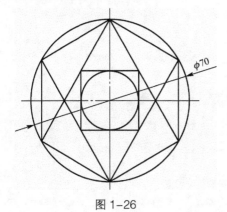

图 1-26

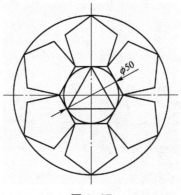

图 1-27

17

3. 绘制图 1-28 所示平面图。

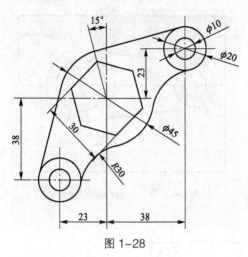

图 1-28

4. 绘制图 1-29 所示平面图。

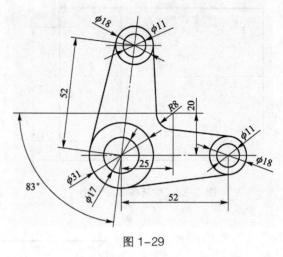

图 1-29

单元 2　绘制家具、卫浴平面图

绘制家具及卫浴的平面图可以应用到更多的常见命令，同时也更深入地了解 AutoCAD 的相关内容。

● 学习目标

1. 掌握复制命令、移动命令及镜像命令等相关内容。
2. 能够运用相关命令绘制常用的家具平面图及卫浴平面图。
3. 本单元所绘制的家具平面图和卫浴平面图，将在单元三的完善户型图中使用。

● 学习提示

本单元主要绘制家具及卫浴的平面图，从中会对其他常见命令加以练习，家具以一套餐桌椅为例，卫浴以手盆为例。其他家具卫浴的平面图在课后作业中加以练习。本单元由两个任务组成，分别是：

任务1　绘制家具平面图。

任务2　绘制卫浴平面图。

任务 1　绘制家具平面图

（任务描述）

本任务以绘制餐桌椅平面图为例，如图 2-1 所示，将学习更多的常见命令，在后期完善户型图部分，需要将常用家具的平面图形放置其中，故此任务也为后续学习做准备。

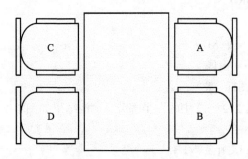

图 2-1　餐桌椅平面图

任务分析

本任务主要让学生通过绘制餐桌椅平面图，熟练掌握复制命令、移动命令及镜像命令等常用命令。其中镜像命令的使用最灵活，在课后相应的作业中，举一反三，加强练习。

相关知识

1. 复制命令（COPY）

启动方式

① 命令：COPY✓　或　CO✓

② 下拉菜单：修改 → 复制

③ 面板：功能区面板图标

命令：_copy
选择对象：（选择被复制的对象）
选择对象：✓
指定基点或 [位移(D)] <位移>：（指定位移基点）
指定位移的第二点或<用第一点作位移>：（指定位移第二点）
指定第二个点或 [退出(E)/放弃(U)] <退出>：✓

2. 移动命令（MOVE）

启动方式

① 命令：MOVE✓　或　M✓

② 下拉菜单：修改 → 移动

③ 面板：功能区面板图标

命令：_move
选择对象：（选择被移动的对象）
指定基点或 [位移(D)] <位移>：（指定基点）
指定位移的第二点或 <用第一点作位移>：（指定位移第二点）

> 💡 提示："移动"命令的操作过程与"复制"命令完全相同。

3. 镜像命令（MIRROR）

启动方式

① 命令：MIRROR✓　或　MI✓

② 下拉菜单：修改 → 镜像

③ 面板：功能区面板图标

以图 2-2 为例，镜像图 2-2（a）中的左半部分，镜像结果如图 2-2（b）所示，操作过程如下。

命令：_mirror
选择对象：找到 4 个（指定对角点 1 和 2）
选择对象：✓
指定镜像线的第一点：　（指定点 3）

指定镜像线的第二点：　　（指定点 4）

是否删除源对象？［是(Y)／否(N)］＜N＞：✓

　　如果是将图形上已有的直线作为镜像线，可使用端点捕捉选定该直线。另外，如果选择删除源对象，则镜像结果如图 2-2（c）所示。

　　镜像命令对创建对称的图形非常有用，可以先绘制图形的一半，然后使用镜像命令，快速地绘制出另一半，而不必绘制整个图形。

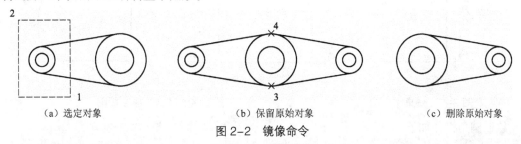

（a）选定对象　　　　　（b）保留原始对象　　　　　（c）删除原始对象

图 2-2　镜像命令

4．圆角命令（FILLET）

圆角命令可以利用指定半径的圆弧光滑地连接两个对象，其操作对象包括直线、多段线、样条线、圆和圆弧等。

启动方式

① 命令：FILLET✓　或　F✓

② 下拉菜单：修改 → 圆角

③ 面板：功能区面板图标

5．倒角命令（CHAMFER）

倒角命令可以用一条斜线连接两个对象，倒角时，需输入每条边的倒角距离。

启动方式

① 命令：CHAMFER✓　或　CHA✓

② 下拉菜单：修改 → 倒角

③ 面板：功能区面板图标

任务实现——绘制家具平面图

绘制如图 2-1 所示的餐桌椅平面图，操作步骤如下：

1．使用矩形命令绘制餐桌平面图（图 2-3）

```
命令：_rectang
指定第一个角点或 [倒角(C)/标高(E)/圆角(F)/厚度(T)/宽度(W)]:(单击屏幕上任一点作为1点)
指定另一个角点或 [面积(A)/尺寸(D)/旋转(R)]: D✓
指定矩形的长度 <10.0000>: 760✓
指定矩形的宽度 <10.0000>: 1200✓
指定另一个角点或 [面积(A)/尺寸(D)/旋转(R)]:（拾取2点）
```

2．绘制餐椅平面图

① 使用矩形命令、圆角命令及镜像命令绘制餐椅椅座平面图，如图2-4（a）和2-4（b）所示。

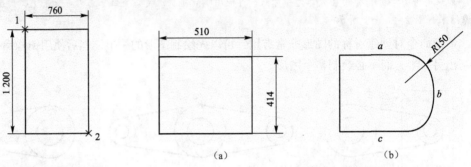

图 2-3　餐桌平面图　　　　　　　　　　图 2-4　餐椅椅座平面图

绘制圆角操作如下：

```
命令：_fillet
当前设置：模式 = 修剪，半径 = 0.0000
选择第一个对象或 [放弃(U)/多段线(P)/半径(R)/修剪(T)/多个(M)]：M↙
选择第一个对象或 [放弃(U)/多段线(P)/半径(R)/修剪(T)/多个(M)]：R↙
指定圆角半径 <0.0000>：150↙
选择第一个对象或 [放弃(U)/多段线(P)/半径(R)/修剪(T)/多个(M)]：（拾取对象a）
选择第二个对象，或按住 Shift 键选择对象以应用角点或 [半径(R)]：（拾取对象b）
选择第一个对象或 [放弃(U)/多段线(P)/半径(R)/修剪(T)/多个(M)]：（拾取对象b）
选择第二个对象，或按住 Shift 键选择对象以应用角点或 [半径(R)]：（拾取对象c）
选择第一个对象或 [放弃(U)/多段线(P)/半径(R)/修剪(T)/多个(M)]：↙
```

② 使用矩形命令和镜像命令绘制餐椅扶手平面图，如图2-5所示。

```
命令：_rectang
指定第一个角点或 [倒角(C)/标高(E)/圆角(F)/厚度(T)/宽度(W)]：<极轴 开> <对象捕捉追踪 开> 25↙（使用对象捕捉和对象追踪得到1点）
指定另一个角点或 [面积(A)/尺寸(D)/旋转(R)]：D↙
指定矩形的长度 <10.0000>：344↙
指定矩形的宽度 <10.0000>：40↙
指定另一个角点或 [面积(A)/尺寸(D)/旋转(R)]：（拾取点2）
命令：_mirror
选择对象：找到 1 个（拾取上面的扶手）
选择对象：↙
指定镜像线的第一点：<打开对象捕捉>：（拾取3点，3点为左边线段中点）
指定镜像线的第二点：（拾取4点，4点为右边线段中点）
要删除源对象吗？[是(Y)/否(N)] <N>：↙
```

③ 使用矩形命令绘制餐椅靠背平面图，如图2-6所示。

```
命令：_rectang
指定第一个角点或 [倒角(C)/标高(E)/圆角(F)/厚度(T)/宽度(W)]：<对象捕捉追踪开> 247↙
（使用对象捕捉和对象追踪功能，从3点向上追踪247，得到1点）
指定另一个角点或 [面积(A)/尺寸(D)/旋转(R)]：D↙
```

```
指定矩形的长度 <50.0000>: 40↙
指定矩形的宽度 <50.0000>: 494↙
指定另一个角点或 [面积(A)/尺寸(D)/旋转(R)]: （拾取2点）
```

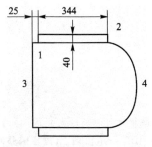

图2-5　餐椅扶手平面图

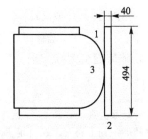

图2-6　餐椅靠背平面图

④ 将绘制好的座椅 A 移动到适当位置，再使用镜像命令，以餐桌的左右两边中点的连线为镜像线，将座椅 A 镜像，得到座椅 B，如图2-7所示。

⑤ 使用镜像命令，以餐桌的上下两边中点的连线为镜像线将座椅 A 和 B 一起镜像，得到座椅 C 和座椅 D，如图2-1所示。

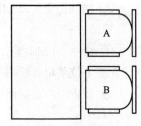

图2-7　镜像座椅

任务2　绘制卫浴平面图

任务描述

本任务以绘制手盆平面图为例，如图2-8所示，详尽讲述了平面图的绘制过程，同时还学习到更多的常见命令，为后期完善户型图做准备。

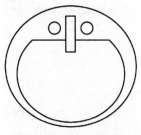

图2-8　手盆平面图

任务分析

本任务主要让学生通过绘制手盆平面图，熟练掌握偏移命令、椭圆命令及延伸命令等常用命令。其中椭圆命令是个难点，课后作业中的"绘制马桶平面图"是对该命令的加强练习。

相关知识

1. 偏移命令（OFFSET）

启动方式

① 命令：_OFFSET↙　或 O↙

② 下拉菜单：修改 → 偏移

③ 面板：功能区面板图标

命令：_offset

指定偏移距离或 [通过(T)] <通过>：（输入偏移距离）

选择要偏移的对象，或 [退出(E)/放弃(U)] <退出>：（选择要偏移的对象）

指定要偏移的那一侧上的点，或 [退出(E)/多个(M)/放弃(U)] <退出>：（在要偏移的一侧单击）

选择要偏移的对象，或 [退出(E)/放弃(U)] <退出>：↙

2. 椭圆命令（ELLIPSE）

启动方式

① 命令：ELLIPSE↙　或 EL↙

② 下拉菜单：绘图 → 椭圆

③ 面板：功能区面板图标

命令：_ellipse

指定椭圆的轴端点或 [圆弧(A)/中心点(C)]：

（1）选择"轴端点"方式（缺省选项）

指定椭圆的轴端点或 [圆弧(A)/中心点(C)]：（指定长轴或短轴的任一端点）

指定轴的另一个端点：（指定轴的另一点）

指定另一条半轴长度或 [旋转(R)]：（输入另一轴的半轴长度）

（2）选择"中心点"方式

指定椭圆的轴端点或 [圆弧(A)/中心点(C)]：C↙

指定椭圆的中心点：（指定椭圆的中心点）

指定轴的端点：（指定长轴或短轴的任一端点）

指定另一条半轴长度或 [旋转(R)]：（输入另一轴的半轴长度）

3. 延伸命令（EXTEND）

启动方式

① 命令：EXTEND↙　或 EX↙

② 下拉菜单：修改 →延伸

③ 面板：功能区面板图标

命令：_extend

当前设置:投影=UCS，边=无

选择边界的边 ...

选择对象或 <全部选择>：找到 1 个（拾取作为边的对象）

选择对象：↙

选择要延伸的对象，或按住 Shift 键选择要修剪的对象，或[栏选(F)/窗交(C)/投影(P)/边(E)/

放弃(U)]：（拾取要延伸的对象）

选择要延伸的对象，或按住 Shift 键选择要修剪的对象，或[栏选(F)/窗交(C)/投影(P)/边(E)/放弃(U)]：✓

任务实现——绘制手盆平面图

绘制手盆平面图

绘制如图 2-8 所示的手盆平面图，操作步骤如下。

1. 绘制手盆外部椭圆（图 2-9）

命令：_ellipse
指定椭圆的轴端点或 [圆弧(A)/中心点(C)]：（单击屏幕上任一点作为 1 点）
指定轴的另一个端点：<正交 开> 560✓
指定另一条半轴长度或 [旋转(R)]：250✓

2. 绘制手盆内部椭圆（图 2-10）

命令：_offset
当前设置：删除源=否　图层=源　OFFSETGAPTYPE=0
指定偏移距离或 [通过(T)/删除(E)/图层(L)] <通过>：50✓
选择要偏移的对象，或 [退出(E)/放弃(U)] <退出>：（拾取外轮廓线）
指定要偏移的那一侧上的点，或 [退出(E)/多个(M)/放弃(U)] <退出>：（拾取外轮廓线内部任一点）
选择要偏移的对象，或 [退出(E)/放弃(U)] <退出>：✓

3. 移动内部椭圆（图 2-11）

命令：_move
选择对象：找到 1 个（拾取内部椭圆）
选择对象：✓
指定基点或 [位移(D)] <位移>：（拾取圆心 1 点）
指定第二个点或 <使用第一个点作为位移>：<正交 开> 30✓（向下移动 30）

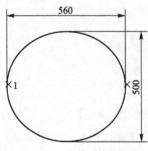

图 2-9　手盆外部椭圆

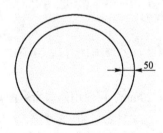

图 2-10　手盆内部椭圆

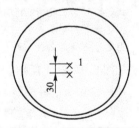

图 2-11　移动内部椭圆

4. 修剪并绘制轮廓线（图 2-12）

命令：_line 指定第一点：<对象捕捉追踪 开> 140✓　　（从 1 点向下追踪 140 得到 2 点）
指定下一点或 [放弃(U)]：（拾取 3 点）
指定下一点或 [放弃(U)]：✓
命令：_extend
当前设置：投影=UCS，边=无
选择边界的边...

选择对象或 <全部选择>：找到 1 个 （拾取内部轮廓线）
选择对象：✓
选择要延伸的对象，或按住 Shift 键选择要修剪的对象，或[栏选(F)/窗交(C)/投影(P)/边(E)/放弃(U)]：（拾取所绘制直线的左端）
选择要延伸的对象，或按住 Shift 键选择要修剪的对象，或[栏选(F)/窗交(C)/投影(P)/边(E)/放弃(U)]：✓
命令：_trim
当前设置：投影=UCS，边=无
选择剪切边...
选择对象或 <全部选择>：找到 1 个 （拾取直线）
选择对象：✓
选择要修剪的对象，或按住 Shift 键选择要延伸的对象，或[栏选(F)/窗交(C)/投影(P)/边(E)/删除(R)/放弃(U)]：（拾取圆周上的 4 点）
选择要修剪的对象，或按住 Shift 键选择要延伸的对象，或[栏选(F)/窗交(C)/投影(P)/边(E)/删除(R)/放弃(U)]：✓

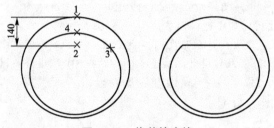

图 2-12　修剪轮廓线

5. 绘制水龙头（图 2-13）

命令：_rectang
指定第一个角点或 [倒角(C)/标高(E)/圆角(F)/厚度(T)/宽度(W)]：50✓（从 1 点向下追踪 50 得到 2 点）
指定另一个角点或 [面积(A)/尺寸(D)/旋转(R)]：D✓
指定矩形的长度 <10.0000>：40✓
指定矩形的宽度 <10.0000>：150✓
指定另一个角点或 [面积(A)/尺寸(D)/旋转(R)]：（拾取 3 点）

如图 2-13（a）所示。

使用移动命令将矩形向左移动 20mm，再使用修剪命令剪掉多余的线段，如图 2-13（b）所示。

命令：_circle 指定圆的圆心或 [三点(3P)/两点(2P)/切点、切点、半径(T)]：_from 基点：<偏移>：@50,50✓（拾取 1 点，使用捕捉自功能，沿 x 轴正向和 y 轴正向各偏移 50，得到 2 点）
指定圆的半径或 [直径(D)] <70.7107>：25✓

如图 2-14（a）所示。

6. 镜像水龙头[图 2-14（b）]

命令：_mirror
选择对象：找到 1 个（拾取圆）
选择对象：✓
指定镜像线的第一点：（拾取矩形上边中点 1 点）

指定镜像线的第二点：（拾取矩形下边中点 2 点）
要删除源对象吗？[是(Y)/否(N)] <N>:↙

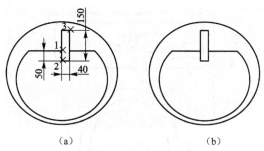

（a）　　　　　　　　　　（b）

图 2-13　绘制水龙头

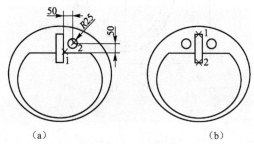

（a）　　　　　　　　　　（b）

图 2-14　镜像水龙头

课后练习

1. 绘制写字台立面图，如图 2-15 所示。

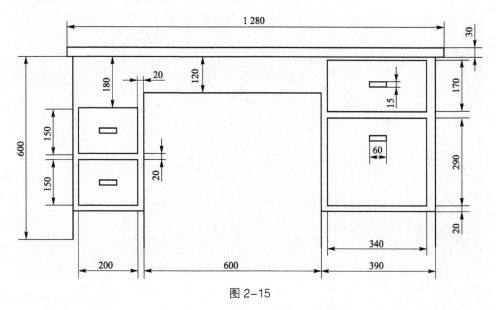

图 2-15

2. 绘制马桶平面图，如图 2-16 所示。

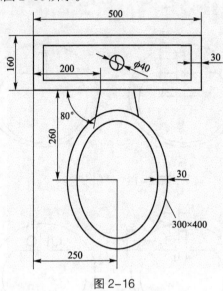

图 2-16

单元 3　绘制户型平面图

多段线和多线命令是绘制户型图的主要命令，本单元详尽讲述了这两个命令的使用，并分别使用这两个命令绘制户型图，对绘制过程也进行了详细阐述。

● 学习目标

1. 能够使用多段线绘制户型平面图，并掌握绘图步骤和绘图技巧。
2. 能够使用多线绘制户型平面图，掌握多线样式的设置。

● 学习提示

多段线命令和多线命令均可用来绘制户型图。其中多线样式的设置是难点，在学习中应多加练习。本单元由两个任务组成，分别是：

任务 1　使用多段线命令绘制户型平面图。

任务 2　使用多线命令绘制户型平面图。

任务 1　使用多段线命令绘制户型平面图

任务描述

通过绘制如图 3-1 所示的户型平面图，掌握多段线命令中各个选项的含义，及使用多段线命令绘制户型平面图的绘图步骤和绘图技巧。

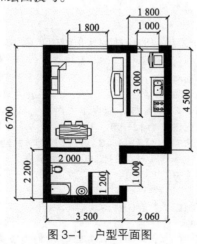

图 3-1　户型平面图

任务分析

本任务主要让学生通过绘制户型图，灵活使用多段线命令及打断命令。任务中将前面所绘制的家具、卫浴等平面图导入户型图，使户型图得以完善，本单元和单元二中的部分内容前后呼应。

相关知识

1. 多段线命令（POLYLINE）

多段线是一系列直线与圆弧的组合线，各段线可以有不同线宽，同一段线还可以是首尾具有不同线宽的锥形线，而整条多段线是一个实体对象。

启动方式

① 命令：POLYLINE↙

② 下拉菜单：绘图 → 多段线

③ 面板：功能区面板图标 ⌒

```
命令：_pline
指定起点：指定多段线起点
当前线宽为 0.0000
指定下一点或 [圆弧(A)/闭合(C)/半宽(H)/长度(L)/放弃(U)/宽度(W)]:
```

提示中各选项的含义：

长度(L)：设定直线段的长度。

宽度(W)：设定线段的起点宽度和终点宽度，可以相同也可不同。

半宽(H)：设定线宽的一半值。

闭合(C)：连接多段线的起点和终点，使多段线封闭。

圆弧(A)：进入绘制圆弧方式。

下面用实例加以说明：

例1：使用多段线命令绘制如图3-2（a）所示图形，其操作步骤如下。

绘图顺序可为：A→B→C→D→E。

```
命令：_pline
指定起点：(单击屏幕上任意一点作为 A 点)
当前线宽为 0.0000
指定下一个点或 [圆弧(A)/半宽(H)/长度(L)/放弃(U)/宽度(W)]: <正交 开>200↙ (得到 B 点)
指定下一点或 [圆弧(A)/闭合(C)/半宽(H)/长度(L)/放弃(U)/宽度(W)]: A↙
指定圆弧的端点或[角度(A)/圆心(CE)/闭合(CL)/方向(D)/半宽(H)/直线(L)/半径(R)/第二个点
(S)/放弃(U)/宽度(W)]: CE↙
    指定圆弧的圆心: <对象捕捉追踪 开>50↙ (从 B 点向右追踪50，得到左圆弧圆心)
    指定圆弧的端点或 [角度(A)/长度(L)]: 50↙ (从圆心向右追踪50，得到 C 点)
    指定圆弧的端点或[角度(A)/圆心(CE)/闭合(CL)/方向(D)/半宽(H)/直线(L)/半径(R)/第二个点
(S)/放弃(U)/宽度(W)]: 100↙ (从 C 点向右追踪100，得到 D 点)
    指定圆弧的端点或[角度(A)/圆心(CE)/闭合(CL)/方向(D)/半宽(H)/直线(L)/半径(R)/第二个点
(S)/放弃(U)/宽度(W)]: L↙
    指定下一点或 [圆弧(A)/闭合(C)/半宽(H)/长度(L)/放弃(U)/宽度(W)]:(水平方向从 A 点向右追
踪，得到 E 点，如图3-2（b）所示。)
    指定下一点或 [圆弧(A)/闭合(C)/半宽(H)/长度(L)/放弃(U)/宽度(W)]:↙
```

图 3-2 多段线命令 1

例 2：使用多段线命令绘制如图 3-3 所示的图形，其操作步骤如下。

绘图顺序可为：A→B→C→D。

```
命令：_pline
指定起点：（单击屏幕上任意一点作为 A 点）
当前线宽为 0.0000
指定下一个点或 [圆弧(A)/半宽(H)/长度(L)/放弃(U)/宽度(W)]：W↙
指定起点宽度 <0.0000>：10↙
指定端点宽度 <10.0000>：10↙
指定下一个点或 [圆弧(A)/半宽(H)/长度(L)/放弃(U)/宽度(W)]：300↙（从 A 点开始向上移动鼠
标，给出线段方向，输入线段长度，得到 B 点）
指定下一点或 [圆弧(A)/闭合(C)/半宽(H)/长度(L)/放弃(U)/宽度(W)]：A↙
指定圆弧的端点或[角度(A)/圆心(CE)/闭合(CL)/方向(D)/半宽(H)/直线(L)/半径(R)/第二个点
(S)/放弃(U)/宽度(W)]：W↙
指定起点宽度 <10.0000>：↙
指定端点宽度 <10.0000>：0↙
指定圆弧的端点或[角度(A)/圆心(CE)/闭合(CL)/方向(D)/半宽(H)/直线(L)/半径(R)/第二个点
(S)/放弃(U)/宽度(W)]：160↙    （从 B 点向右追踪 160，得到 C 点）
指定圆弧的端点或[角度(A)/圆心(CE)/闭合(CL)/方向(D)/半宽(H)/直线(L)/半径(R)/第二个点
(S)/放弃(U)/宽度(W)]：L↙
指定下一点或 [圆弧(A)/闭合(C)/半宽(H)/长度(L)/放弃(U)/宽度(W)]：300↙（从 C 点开始向
下移动鼠标，给出线段方向，输入线段长度，得到 D 点）
指定下一点或 [圆弧(A)/闭合(C)/半宽(H)/长度(L)/放弃(U)/宽度(W)]：↙
```

例 3：使用多段线命令绘制如图 3-4 所示的图形，其操作步骤如下。

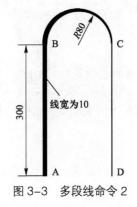

图 3-3 多段线命令 2

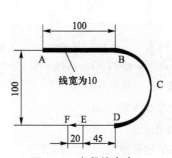

图 3-4 多段线命令 3

绘图顺序可为：A→B→C→D→E→F。

```
命令：_pline
指定起点：(单击屏幕上任意一点作为 A 点)
当前线宽为 0.0000
指定下一个点或 [圆弧(A)/半宽(H)/长度(L)/放弃(U)/宽度(W)]：W✓
指定起点宽度 <0.0000>：10✓
指定端点宽度 <10.0000>：✓
指定下一个点或 [圆弧(A)/半宽(H)/长度(L)/放弃(U)/宽度(W)]：<正交 开> 100✓（从 A 点开
始向右移动鼠标，给出线段方向，输入线段长度，得到 B 点）
指定下一点或 [圆弧(A)/闭合(C)/半宽(H)/长度(L)/放弃(U)/宽度(W)]：A✓
指定圆弧的端点或
[角度(A)/圆心(CE)/闭合(CL)/方向(D)/半宽(H)/直线(L)/半径(R)/第二个点(S)/放弃(U)/宽
度(W)]：W✓
指定起点宽度 <10.0000>：✓
指定端点宽度 <10.0000>：0✓
指定圆弧的端点或[角度(A)/圆心(CE)/闭合(CL)/方向(D)/半宽(H)/直线(L)/半径(R)/第二个点
(S)/放弃(U)/宽度(W)]：@50,-50✓（利用相对坐标，输入 C 点相对于 B 点的坐标值，得到 C 点）
指定圆弧的端点或[角度(A)/圆心(CE)/闭合(CL)/方向(D)/半宽(H)/直线(L)/半径(R)/第二个点
(S)/放弃(U)/宽度(W)]：W✓
指定起点宽度 <0.0000>：✓
指定端点宽度 <0.0000>：10✓
指定圆弧的端点或[角度(A)/圆心(CE)/闭合(CL)/方向(D)/半宽(H)/直线(L)/半径(R)/第二个点
(S)/放弃(U)/宽度(W)]：@-50,-50✓（利用相对坐标，输入 D 点相对于 C 点的坐标值，得到 D 点）
指定圆弧的端点或[角度(A)/圆心(CE)/闭合(CL)/方向(D)/半宽(H)/直线(L)/半径(R)/第二个点
(S)/放弃(U)/宽度(W)]：L✓
指定下一点或 [圆弧(A)/闭合(C)/半宽(H)/长度(L)/放弃(U)/宽度(W)]：W✓
指定起点宽度 <10.0000>：0✓
指定端点宽度 <0.0000>：0✓
指定下一点或 [圆弧(A)/闭合(C)/半宽(H)/长度(L)/放弃(U)/宽度(W)]：45✓（从 D 点开始向左
移动鼠标，给出线段方向，输入线段长度，得到 E 点）
指定下一点或 [圆弧(A)/闭合(C)/半宽(H)/长度(L)/放弃(U)/宽度(W)]：W✓
指定起点宽度 <0.0000>：10✓
指定端点宽度 <10.0000>：0✓
指定下一点或 [圆弧(A)/闭合(C)/半宽(H)/长度(L)/放弃(U)/宽度(W)]：20✓（从 E 点开始向左
移动鼠标，给出线段方向，输入线段长度，得到 F 点）
指定下一点或 [圆弧(A)/闭合(C)/半宽(H)/长度(L)/放弃(U)/宽度(W)]：✓
```

2. 打断命令（BREAK）

打断命令的功能：

① 删除指定两点之间的实体部分。

② 删除实体一端。

③ 将实体在断点处一分为二。

启动方式

① 命令：BREAK✓ 或 BR✓

② 下拉菜单：修改 → 打断

③ 面板：功能区面板图标 ⊔

命令：_break
选择对象：
指定第二个打断点或[第一点(F)]：

在缺省情况下，拾取点将成为第一个打断点；若将第二断点选在实体外，则与之最近的端点便作为第二断点，相当于删除实体的一端。

如图 3-5（a）所示，图中从线段 AC 中去掉 BC 部分，操作如下。

命令：_break
选择对象：（拾取 B 点）
指定第二个打断点 或 [第一点(F)]：（在 C 端外拾取一点）

打断效果如图 3-5（b）所示。

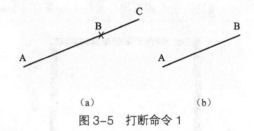

（a） （b）

图 3-5 打断命令 1

第一点(F)选项：需重新指定第一断点。

如图 3-6（a）所示，从线段 AD 中去掉 BC 部分，操作如下：

命令：_break
选择对象：（在 AD 线段上任一处拾取一点）
指定第二个打断点 或 [第一点(F)]：F✓
指定第一个打断点：（拾取 B 点）
指定第二个打断点：（拾取 C 点）

打断效果如图 3-6（b）所示。

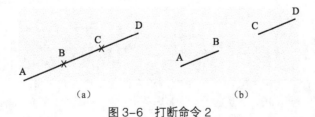

（a） （b）

图 3-6 打断命令 2

任务实现——使用多段线命令绘制户型平面图

绘制如图 3-1 所示的户型平面图,外墙厚度为 370,内墙厚度为 240,其操作步骤如下。

绘制户型平面图

1. 绘制外墙平面图(图 3-7)

```
命令: _pline
指定起点: (单击屏幕内任意一点)
当前线宽为 0
指定下一个点或 [圆弧(A)/半宽(H)/长度(L)/放弃(U)/宽度(W)]: W↙
指定起点宽度 <0>: 370↙
指定端点宽度 <370>: ↙
指定下一个点或 [圆弧(A)/半宽(H)/长度(L)/放弃(U)/宽度(W)]: 6700↙
指定下一点或 [圆弧(A)/闭合(C)/半宽(H)/长度(L)/放弃(U)/宽度(W)]: 3500↙
指定下一点或 [圆弧(A)/闭合(C)/半宽(H)/长度(L)/放弃(U)/宽度(W)]: 2200↙
指定下一点或 [圆弧(A)/闭合(C)/半宽(H)/长度(L)/放弃(U)/宽度(W)]: 2060↙
指定下一点或 [圆弧(A)/闭合(C)/半宽(H)/长度(L)/放弃(U)/宽度(W)]: 4500↙
指定下一点或 [圆弧(A)/闭合(C)/半宽(H)/长度(L)/放弃(U)/宽度(W)]: C↙
```

> 💡 **提示:** 用多段线绘制户型图,最后要用闭合来结束命令,转折处的缺角才会自动填充。

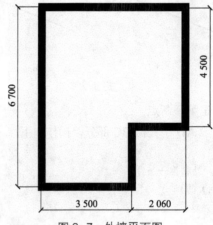

图 3-7 外墙平面图

2. 绘制内墙平面图(图 3-8)

(1)绘制内墙 1

```
命令: _pline
指定起点: 2000↙(从 A 点向右追踪 2000)
当前线宽为 370
指定下一个点或 [圆弧(A)/半宽(H)/长度(L)/放弃(U)/宽度(W)]: W↙
指定起点宽度 <370>: 240↙
指定端点宽度 <240>: ↙
指定下一个点或 [圆弧(A)/半宽(H)/长度(L)/放弃(U)/宽度(W)]: 1200↙
指定下一点或 [圆弧(A)/闭合(C)/半宽(H)/长度(L)/放弃(U)/宽度(W)]: ↙
```

（2）绘制内墙 2

命令：_pline
指定起点：2200↙（从 A 点向上追踪 2200）
当前线宽为 240
指定下一个点或 [圆弧(A)/半宽(H)/长度(L)/放弃(U)/宽度(W)]：2000↙
指定下一点或 [圆弧(A)/闭合(C)/半宽(H)/长度(L)/放弃(U)/宽度(W)]：↙

（3）绘制内墙 3

命令：_pline
指定起点：1800↙（从 B 点向左追踪 1800）
当前线宽为 240
指定下一个点或 [圆弧(A)/半宽(H)/长度(L)/放弃(U)/宽度(W)]：3000↙
指定下一点或 [圆弧(A)/闭合(C)/半宽(H)/长度(L)/放弃(U)/宽度(W)]：↙

3．制作窗洞（图 3-9）

（1）制作窗洞 1

命令：_break 选择对象：（拾取外墙）
指定第二个打断点 或 [第一点(F)]：F↙
指定第一个打断点：<打开对象捕捉> 400↙（从 A 点向左追踪 400）
指定第二个打断点：400↙（从 B 点向右追 400）

（2）制作窗洞 2

命令：_break 选择对象：（拾取外墙）
指定第二个打断点 或 [第一点(F)]：F↙
指定第一个打断点：980↙（从 B 点向左追踪 980）
指定第二个打断点：980↙（从 c 点向右追踪 980）

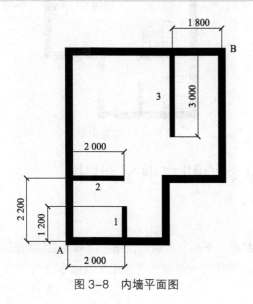

图 3-8　内墙平面图

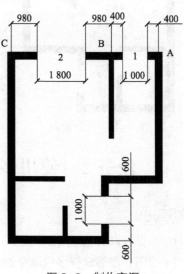

图 3-9　制作窗洞

4．绘制窗户（图 3-10）

（1）绘制窗户 1

命令：_line 指定第一点：（捕捉 A 点）
指定下一点或 [放弃(U)]：（捕捉 B 点）
指定下一点或 [放弃(U)]：✓
命令：_offset
当前设置：删除源=否 图层=源 OFFSETGAPTYPE=0
指定偏移距离或 [通过(T)/删除(E)/图层(L)] <通过>：185✓
选择要偏移的对象，或 [退出(E)/放弃(U)] <退出>：（拾取线段 AB）
指定要偏移的那一侧上的点，或 [退出(E)/多个(M)/放弃(U)] <退出>：（拾取线段 AB 以上任一点）
选择要偏移的对象，或 [退出(E)/放弃(U)] <退出>：（拾取线段 AB）
指定要偏移的那一侧上的点，或 [退出(E)/多个(M)/放弃(U)] <退出>：（拾取线段 AB 以下任一点）
选择要偏移的对象，或 [退出(E)/放弃(U)] <退出>：✓

（2）绘制窗户 2

步骤同上。

5．完善户型图

将前面绘制的家具、卫浴等平面图形，利用复制、粘贴、缩放及移动等命令放入户型图中，如图 3-11 所示。

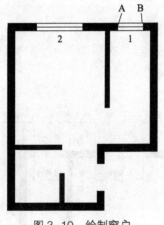

图 3-10　绘制窗户

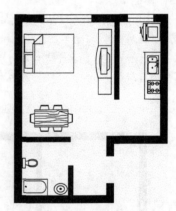

图 3-11　完善户型图

任务 2　使用多线命令绘制户型平面图

任务描述

多线命令不仅可以绘制户型图，还常用来绘制建筑平面图。通过使用多线命令绘制如图 3-12 所示的户型平面图，能够掌握多线命令的使用和多线样式的设置，及使用多线命令绘制户型平面图的方法步骤和绘图技巧。

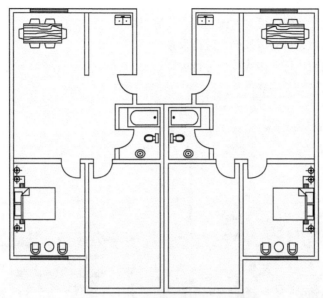

图 3-12 多线命令绘制户型平面图

任务分析

本任务先通过小实例讲述使用多线命令的三个环节：多线样式的设置、绘制多线命令及多线的编辑命令，再通过绘制户型的具体实例加以巩固。

相关知识

多线是由多条平行直线组成的对象，线间的距离、线的数量、线条颜色及线型等都可以由用户设置。该命令常用于绘制墙体、公路或管道等。

1．多线样式（MLSTYLE）

多线样式决定多线的外观，在多线样式中可以设定多线的线条数量、每条线的颜色和线型以及线间的距离等。

启动方式

① 命令：MLSTYLE↙

② 下拉菜单：格式→ 多线样式

③ 面板：功能区面板图标

弹出"多线样式"对话框，如图 3-13 所示。多线样式设置流程如下：单击"新建"按钮；弹出"创建新的多线样式"对话框，如图 3-14 所示，输入新样式名，单击"继续"按钮；弹出"新建多线样式"对话框，如图 3-15 所示。

"新建多线样式"对话框常用选项功能介绍如下：

"说明"：输入关于多线样式的说明文字，可以为空。

"图元"：当偏移为 0.5 和-0.5 时，所绘制的多线如图 3-16 所示（比例等于 1）。

单击"添加"按钮，对话框变为"修改多线样式"，如图 3-17 所示。

单击"填充颜色"按钮，可对所绘制的多线进行填充。

单击"颜色"按钮，可对多线颜色进行设置。

单击"线型"按钮，可对多线线型进行设置。

图 3-13　多线样式对话框

图 3-14　创建新的多线样式对话框

图 3-15　新建多线样式对话框

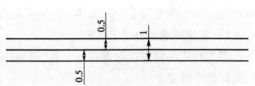

图 3-16　多线偏移

图 3-17　修改多线样式对话框

2. 多线命令（MLINE）

启动方式

① 命令：MLINE✓

② 下拉菜单：绘图→ 多线

③ 面板：功能区面板图标

例 1：使用多线命令绘制如图 3-18 所示图形，其操作步骤如下：

① 使用直线命令绘制轴线，如图 3-19 所示。

② 设置多线样式。

新样式名为："例 1"，单击"继续"按钮，弹出"新建多线样式"对话框，所涉及选项均选用默认设置。

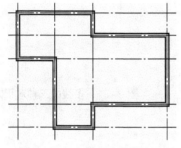

图 3-18　多线命令绘制图形

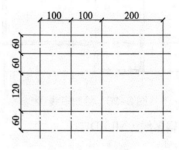

图 3-19　绘制轴线

③ 绘制多线（图 3-20）。

```
命令：_mline
当前设置：对正 = 上，比例 = 20.00，样式 = 例1
指定起点或 [对正(J)/比例(S)/样式(ST)]：J✓
输入对正类型 [上(T)/无(Z)/下(B)] <上>：Z✓
当前设置：对正 = 无，比例 = 20.00，样式 = 例1
指定起点或 [对正(J)/比例(S)/样式(ST)]：S✓
输入多线比例 <20.00>：10✓
当前设置：对正 = 无，比例 = 10.00，样式 = 例1
指定起点或 [对正(J)/比例(S)/样式(ST)]：（拾取A点）
指定下一点：（拾取B点）
指定下一点或 [放弃(U)]：（拾取C点）
指定下一点或 [闭合(C)/放弃(U)]：（拾取D点）
指定下一点或 [闭合(C)/放弃(U)]：（拾取E点）
指定下一点或 [闭合(C)/放弃(U)]：（拾取F点）
指定下一点或 [闭合(C)/放弃(U)]：（拾取G点）
指定下一点或 [闭合(C)/放弃(U)]：（拾取H点）
指定下一点或 [闭合(C)/放弃(U)]：（拾取I点）
指定下一点或 [闭合(C)/放弃(U)]：（拾取J点）
指定下一点或 [闭合(C)/放弃(U)]：（拾取K点）
指定下一点或 [闭合(C)/放弃(U)]：C✓
```

命令中各选项的意义：

对正（J）：设置多线的对正方式，对正方式分为三种：上（T）[图 3-21（a）]、无（Z）[图 3-21（b）]和下（B）[图 3-21（c）]。

比例（S）：设置多线宽度相对于定义宽度（在多线样式中定义）的比例因子。

样式（ST）：设置多线样式。

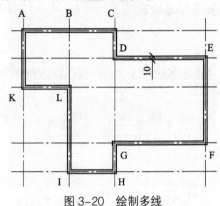

图 3-20　绘制多线　　　　　　　　图 3-21　多线的三种对正方式

3. 编辑多线（MLEDIT）

启动方式

① 命令：MLEDIT↙

② 下拉菜单：修改→对象→多线

此命令用于编辑多线，如可以改变多线的相交形式、将多线中的线条切断或闭合。

例 2：使用多线命令绘制如图 3-22 所示图形，其操作步骤如下：

① 使用直线命令绘制轴线，如图 3-23 所示。

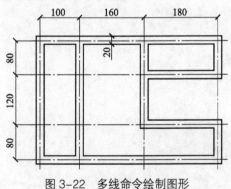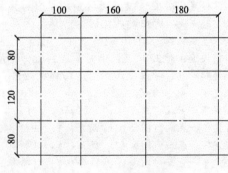

图 3-22　多线命令绘制图形　　　　　　　图 3-23　绘制轴线

② 设置多线样式。新样式名为"例 2"，单击"继续"按钮，弹出"新建多线样式"对话框，所涉及选项均选用默认设置。

③ 绘制多线（图 3-24）。

```
命令：_mline
当前设置：对正 = 上，比例 = 20.00，样式 = 例1
```

```
指定起点或 [对正(J)/比例(S)/样式(ST)]：J↙
输入对正类型 [上(T)/无(Z)/下(B)] <上>：Z↙
当前设置：对正 = 无，比例 = 20.00，样式 = 例1
当指定起点或 [对正(J)/比例(S)/样式(ST)]：(拾取 A 点)
指定下一点：(拾取 B 点)
指定下一点或 [放弃(U)]：(拾取 C 点)
指定下一点或 [闭合(C)/放弃(U)]：(拾取 D 点)
指定下一点或 [闭合(C)/放弃(U)]：(拾取 E 点)
指定下一点或 [闭合(C)/放弃(U)]：(拾取 F 点)
指定下一点或 [闭合(C)/放弃(U)]：(拾取 G 点)
指定下一点或 [闭合(C)/放弃(U)]：(拾取 H 点)
指定下一点或 [闭合(C)/放弃(U)]：C↙
命令：_mline
当前设置：对正 = 上，比例 = 20.00，样式 = 例1
当指定起点或 [对正(J)/比例(S)/样式(ST)]：(拾取 I 点)
指定下一点：(拾取 J 点)
指定下一点或 [放弃(U)]：↙
命令：_mline
当前设置：对正 = 上，比例 = 20.00，样式 = 例1
当指定起点或 [对正(J)/比例(S)/样式(ST)]：(拾取 K 点)
指定下一点：(拾取 D 点)
指定下一点或 [放弃(U)]：↙
```

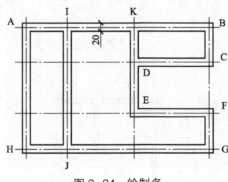

图 3-24　绘制多

④ 编辑多线。

命令：_mledit

弹出"多线编辑工具"对话框，如图 3-25 所示。

```
选择 T 形打开（图 3-26）
选择第一条多线：(选择多线 IJ)
选择第二条多线：(选择多线 AB)
选择第一条多线 或 [放弃(U)]：(选择多线 KD)
选择第二条多线：(选择多线 AB)
选择第一条多线 或 [放弃(U)]：(选择多线 IJ)
选择第二条多线：(选择多线 HG)
```

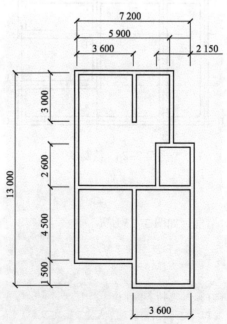

选择第一条多线 或 [放弃(U)]:(选择多线 KD)
选择第二条多线:(选择多线 DC)
选择第一条多线 或 [放弃(U)]:↙

图 3-25　多线编辑工具对话框

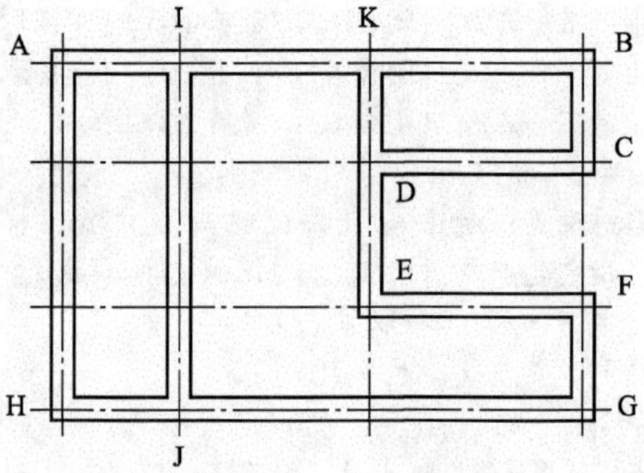

图 3-26　编辑多线

任务实现 ——使用多线命令绘制户型平面

绘制如图 3-12 所示的户型平面图，墙厚为 300，其他尺寸如图 3-27 所示，其操作步骤如下。

图 3-27　户型平面图尺寸

1. **图层设置**

名称	颜色	线型	线宽
中心线	蓝色	Center	默认
墙体	白色	Continuous	默认
窗户	白色	Continuous	默认
尺寸	红色	Continuous	默认
其他	白色	Continuous	默认

2. **设定绘图区域的大小为 15000×15000**

```
命令: _limits
重新设置模型空间界限:
指定左下角点或 [开(ON)/关(OFF)] <0.0000,0.0000>:↙
指定右上角点 <420.0000,297.0000>: 15000,15000↙
命令:_ zoom
指定窗口的角点，输入比例因子 (nX 或 nXP)，或者[全部(A)/中心(C)/动态(D)/范围(E)/上一个
(P)/比例(S)/窗口(W)/对象(O)] <实时>: a↙
```

3. **绘制中心线**

将中心线层设为当前层，使用直线、偏移等命令绘制墙体中心线，如图 3-28 所示。

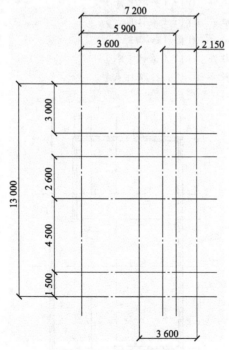

图 3-28 绘制中心线

4. **绘制墙体**

将墙体层置为当前层。

（1）设置多线样式

新样式名为："墙体"，单击"继续"按钮，弹出"新建多线样式"对话框，所涉及选项均选用默认设置。

（2）绘制外墙体（图3-29）

```
命令: _mline
当前设置: 对正 = 上, 比例 = 20.00, 样式 = STANDARD
指定起点或 [对正(J)/比例(S)/样式(ST)]: J✓
输入对正类型 [上(T)/无(Z)/下(B)] <上>: Z✓
当前设置: 对正 = 无, 比例 = 20.00, 样式 = STANDARD
指定起点或 [对正(J)/比例(S)/样式(ST)]: S✓
输入多线比例 <20.00>: 300✓
当前设置: 对正 = 无, 比例 = 300.00, 样式 = STANDARD
指定起点或 [对正(J)/比例(S)/样式(ST)]: ST✓
输入多线样式名或 [?]: 墙体✓
当前设置: 对正 = 无, 比例 = 300.00, 样式 = 墙体
指定起点或 [对正(J)/比例(S)/样式(ST)]: (拾取A点)
指定下一点: (拾取B点)
指定下一点或 [放弃(U)]: (拾取C点)
指定下一点或 [闭合(C)/放弃(U)]: (拾取D点)
指定下一点或 [闭合(C)/放弃(U)]: (拾取E点)
指定下一点或 [闭合(C)/放弃(U)]: (拾取F点)
指定下一点或 [闭合(C)/放弃(U)]: (拾取G点)
指定下一点或 [闭合(C)/放弃(U)]: (拾取H点)
指定下一点或 [闭合(C)/放弃(U)]: C✓
```

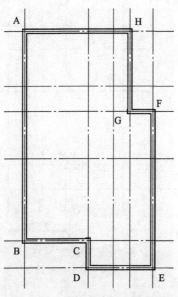

图3-29　多线命令绘制外墙体

（3）绘制内墙体（图 3-30）

命令：_mline
当前设置：对正 = 无，比例 = 300.00，样式 = 墙体
指定起点或 [对正(J)/比例(S)/样式(ST)]：(拾取 I 点)
指定下一点：(拾取 J 点)
指定下一点或 [放弃(U)]：✓
使用直线命令将多线 IJ 的 J 端封口。
命令：_mline✓
当前设置：对正 = 无，比例 = 300.00，样式 = 墙体
指定起点或 [对正(J)/比例(S)/样式(ST)]：(拾取 K 点)
指定下一点：(拾取 L 点)
指定下一点或 [放弃(U)]：✓
命令：_mline✓
当前设置：对正 = 无，比例 = 300.00，样式 = 墙体
指定起点或 [对正(J)/比例(S)/样式(ST)]：(拾取 M 点)
指定下一点：(拾取 C 点)
指定下一点或 [放弃(U)]：✓
命令：_mline✓
当前设置：对正 = 无，比例 = 300.00，样式 = 墙体
指定起点或 [对正(J)/比例(S)/样式(ST)]：(拾取 O 点)
指定下一点：(拾取 G 点)
指定下一点或 [放弃(U)]：(拾取 N 点)
指定下一点或 [闭合(C)/放弃(U)]：(拾取 O 点)
指定下一点或 [闭合(C)/放弃(U)]：✓

5. 编辑多线

命令：_mledit
选择 T 形打开
选择第一条多线：(选择多线 IJ)
选择第二条多线：(选择多线 AH)
选择第一条多线 或 [放弃(U)]：(选择多线 LK)
选择第二条多线：(选择多线 AB)
选择第一条多线 或 [放弃(U)]：(选择多线 NO)
选择第二条多线：(选择多线 ML)
选择第一条多线 或 [放弃(U)]：(选择多线 LK)
选择第二条多线：(选择多线 EF)
选择第一条多线 或 [放弃(U)]：✓

使用分解命令和修剪命打开其余部分，关闭中心线层，关闭文字层，效果如图 3-31 所示。

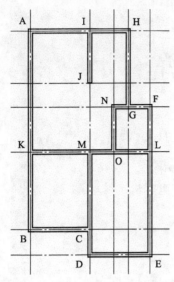

图 3-30 多线命令绘制内墙墙体

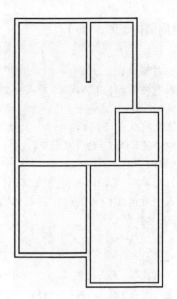

图 3-31 绘制效果

6. 完善户型图

开窗洞、门洞，绘制窗户和门（略），将家具、卫浴等平面图，利用复制、粘贴、缩放及移动等命令放入户型图中，使用镜像命令将整体进行镜像，最终效果如图 3-12 所示。

课后练习

分别使用多段线命令和多线命令绘制如图 3-32 所示的户型平面图。

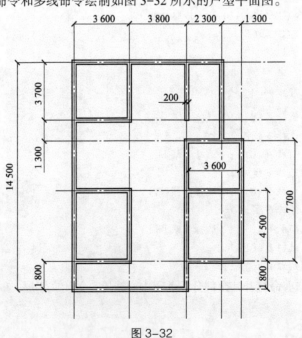

图 3-32

单元 4　绘制家具轴测图

绘制轴测图是 AutoCAD 软件的功能之一。本单元从绘制几何体轴测图到绘制常用家具的轴测图，循序渐进地阐述了绘制轴测图的方法和步骤。

● 学习目标

1. 掌握轴侧图模式的设置。
2. 掌握绘制轴侧图的技巧。
3. 通过本单元的学习，能够掌握绘制较复杂的几何体轴测图以及常见家具轴测图的方法。

● 学习提示

和绘制平面体轴测图相比，绘制曲面体的轴测图相对复杂些。主要是对圆的处理应注意如下几个方面：圆的轴测投影是椭圆；当圆位于不同轴测面内时，椭圆的形状和长短轴方向也将不同；在 AutoCAD 中可直接使用椭圆命令的"等轴测圆(I)"选项绘制椭圆；同时利用 F5 键进行切换，以适合不同的轴测面。本单元共有两个任务，它们是：

任务 1　绘制几何形体轴测图。

任务 2　绘制家具轴测图。

任务 1　绘制几何形体轴测图

（任务描述）

绘制几何形体轴测图，主要是为了了解轴测模式的设置以及绘制轴测图的方法和步骤，同时也为绘制家具轴测图做好铺垫，本任务绘制如图 4-1 所示的几何形体轴测图。

（任务分析）

本任务所选择的几何形体是曲面体，绘制其轴测图时应注意圆的轴侧投影的绘制。

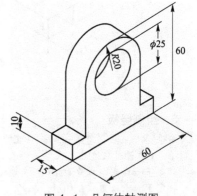

图 4-1　几何体轴测图

（相关知识）

绘制轴测图的几个要点。

① 进入绘制轴侧图模式的设置：工具→绘图设置→捕捉与栅格→选择"等轴侧捕捉"选项。

② 在绘制轴侧图过程中，一般情况下，正交模式打开，使用 F5 键进行切换，以绘制不同轴测面的图形。三个轴测轴之间的夹角为 120°，三面之间相互垂直，在绘制过程中，要不断地切换三个面，绘制出的图形才能具有立体效果。

③ 轴侧图是通过平面图形来表达立体结构的。轴侧图中的圆，应通过椭圆来绘制，单击功能面板上的椭圆图标后，输入 I，确定圆心，再给出半径，即可绘制出等轴侧圆。

任务实现 ——绘制几何体轴测图

绘制如图 4-1 所示的几何体轴测图，其操作步骤如下。

绘制几何体轴测图

1. 设置轴侧图模式

工具→绘图设置→捕捉与栅格→选择"等轴侧捕捉"选项，打开正交模式。

2. 绘制底板

```
命令：_line 指定第一点：(拾取屏幕上任取一点作为 A 点)
指定下一点或 [放弃(U)]： <正交 开> <等轴测平面 左视> 15✓ (得到 B 点)
指定下一点或 [放弃(U)]： <等轴测平面 俯视> 60✓              (得到 C 点)
指定下一点或 [闭合(C)/放弃(U)]：15✓                        (得到 D 点)
指定下一点或 [闭合(C)/放弃(U)]：c✓ (得到四边形 ABCD)
命令：_copy
选择对象： <正交 开> <打开对象捕捉> 指定对角点：找到 4 个 (拾取四边形 ABCD)
选择对象：✓
当前设置：复制模式 = 多个
指定基点或 [位移(D)/模式(O)] <位移>：(打开正交模式，拾取任意一点)
指定第二个点或 [阵列(A)] <使用第一个点作为位移>： <等轴测平面 右视> 10✓ (垂直向上移动 10)
指定第二个点或 [阵列(A)/退出(E)/放弃(U)] <退出>：✓ (得到四边形 EFGH)
```

连接所需线段，如图 4-2（a）所示，修剪后如图 4-2（b）所示。

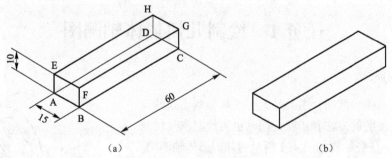

（a）   （b）

图 4-2　绘制底板

3. 绘制竖板

```
命令：_line 指定第一点： <正交 开> <打开对象捕捉> <等轴测平面 俯视> <对象捕捉追踪 开
> 10✓ (打开对象追踪，从 A 点沿长边追 10)                    (得到 B 点)
指定下一点或 [放弃(U)]： <等轴测平面 右视> 50✓              (得到 C 点)
指定下一点或 [放弃(U)]：40✓                                (得到 D 点)
指定下一点或 [闭合(C)/放弃(U)]：50✓                         (得到 E 点)
指定下一点或 [闭合(C)/放弃(U)]：✓
```

命令：_copy

选择对象：找到 1 个（拾取 BC）

选择对象：找到 1 个，总计 2 个（拾取 CD）

选择对象：找到 1 个，总计 3 个（拾取 DE）

选择对象：✓

当前设置：　复制模式 = 多个

指定基点或 [位移(D)/模式(O)] <位移>：<正交 开>（打开正交模式，拾取任意一点）

指定第二个点或 [阵列(A)] <使用第一个点作为位移>：15✓（沿短边方向移动 15）

指定第二个点或 [阵列(A)/退出(E)/放弃(U)] <退出>：✓（得到四边形 FGHI）

连接所需线段，如图 4-3（a）所示，修剪后如图 4-3（b）所示。

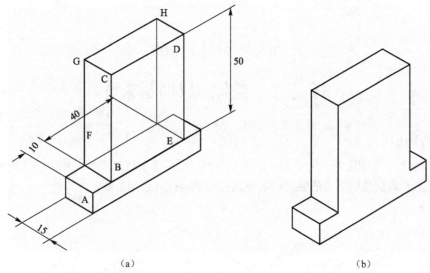

（a）　　　　　　　　　　　　　　　　　（b）

图 4-3　绘制竖板

4. 绘制半个圆柱面和挖孔

命令：_ellipse

指定椭圆轴的端点或 [圆弧(A)/中心点(C)/等轴测圆(I)]：I✓

指定等轴测圆的圆心：20✓（打开对象追踪，从 A 点向下追踪 20，得到 B 点）

指定等轴测圆的半径或 [直径(D)]：<等轴测平面 右视> 20✓

命令：_copy

选择对象：找到 1 个（拾取椭圆）

选择对象：✓

当前设置：　复制模式 = 多个

指定基点或 [位移(D)/模式(O)] <位移>：（拾取椭圆圆心）

指定第二个点或 [阵列(A)] <使用第一个点作为位移>：<等轴测平面 左视> 15✓（沿短边方向移动 15）

指定第二个点或 [阵列(A)/退出(E)/放弃(U)] <退出>：✓

如图 4-4（a）所示。

绘制切线，修剪后效果如图 4-4（b）所示。

使用椭圆和复制命令，用相同的方法绘制 ϕ20 孔，最终结果如图 4-1 所示。

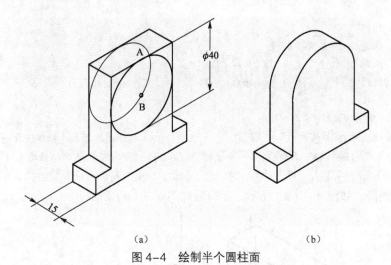

（a）   （b）

图 4-4　绘制半个圆柱面

任务 2　绘制家具轴测图

任务描述

本任务通过绘制如图 4-5 所示的写字台轴测图，可以掌握较复杂轴测图的绘制步骤和绘制技巧，举一反三，遇到绘制复杂的轴测图有思路，能够编排好绘制步骤。

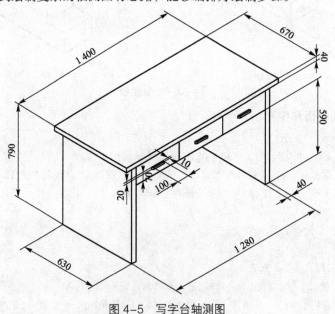

图 4-5　写字台轴测图

任务分析

绘制家具轴测图的步骤为一个形体一个形体的绘制，遵循先主后次的原则。绘制时注意每个形体之间的相对位置。

相关知识

绘制写字台轴测图的主要步骤为：

① 绘制写字台台面。

② 绘制写字台两个立面。

③ 绘制写字台抽屉。

④ 绘制抽屉把手。

任务实现——绘制写字台轴测图

绘制如图 4-5 所示的写字台轴测图，操作步骤如下。

1. 环境设置

① 工具→绘图设置→捕捉与栅格→选择"等轴侧捕捉"选项。

② 打开正交模式。

2. 绘制写字台台面（图 4-6）

```
命令: _line 指定第一点:                （在屏幕任意处拾取一点，作为 A 点）
指定下一点或 [放弃(U)]: 1400↙                          （得到 B 点）
指定下一点或 [放弃(U)]: <等轴测平面 左视> 670↙          （得到 C 点）
指定下一点或 [闭合(C)/放弃(U)]: <等轴测平面 俯视> 1400↙ （得到 D 点）
指定下一点或 [闭合(C)/放弃(U)]: C↙
命令: _line 指定第一点:                                （捕捉 B 点）
指定下一点或 [放弃(U)]: <等轴测平面 右视> 40↙（向下绘制 40 得到 E 点）
指定下一点或 [放弃(U)]: <等轴测平面 左视> 670↙          （得到 F 点）
指定下一点或 [放弃(U)]: <等轴测平面 俯视> 1400↙         （得到 G 点）
指定下一点或 [放弃(U)]:                                （捕捉 D 点）
指定下一点或 [闭合(C)/放弃(U)]:↙
```

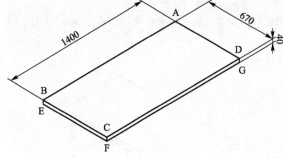

图 4-6　绘制写字台台面

3. 绘制写字台两个立面（图 4-7）

```
命令: _line 指定第一点: 60↙（打开对象追踪，从 A 点沿台面长边追踪 60，得到 B 点）
指定下一点或 [放弃(U)]: 790↙                          （得到 C 点）
指定下一点或 [放弃(U)]: <等轴测平面 俯视> 40↙          （得到 D 点）
指定下一点或 [闭合(C)/放弃(U)]: <等轴测平面 右视> 790 ↙ （得到 E 点）
指定下一点或 [闭合(C)/放弃(U)]:↙
```

命令：_line 指定第一点： （捕捉C点）
指定下一点或 [放弃(U)]： <等轴测平面 左视> 630✓ （得到F点）
指定下一点或 [放弃(U)]： 790✓ （得到G点）
指定下一点或 [闭合(C)/放弃(U)]：✓

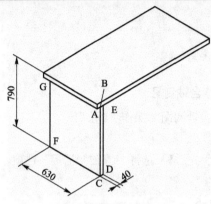

图 4-7 绘制写字台立面

命令：_copy
选择对象： <正交 开> 指定对角点：找到 5 个（打开对象追踪，选择写字台左侧面）
选择对象：✓
当前设置： 复制模式 = 多个
指定基点或 [位移(D)/模式(O)] <位移>：（选择写字台左侧面上或附近任一点作为基点）
指定第二个点或 [阵列(A)] <使用第一个点作为位移>：1240✓（打开正交模式，沿台面长边移动 1240）
指定第二个点或 [阵列(A)/退出(E)/放弃(U)] <退出>：✓
命令：_trim
当前设置：投影=UCS，边=无
选择剪切边...
选择对象或 <全部选择>：✓
选择要修剪的对象，或按住 Shift 键选择要延伸的对象，或[栏选(F)/窗交(C)/投影(P)/边(E)/删除(R)/放弃(U)]：（选择要修剪的对象）
选择要修剪的对象，或按住 Shift 键选择要延伸的对象，或[栏选(F)/窗交(C)/投影(P)/边(E)/删除(R)/放弃(U)]：✓

修剪后结果如图 4-8 所示。

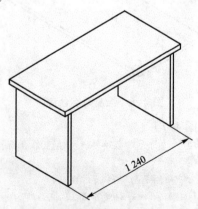

图 4-8 绘制写字台另一个立面

4．绘制写字台抽屉

命令：_line 指定第一点：590✓（打开对象追踪，从 A 点沿向上追踪 590，得到 B 点）

指定下一点或 [放弃(U)]：〈正交 开〉1200✓　　　　　　　　　　　　　（得到 E 点）

指定下一点或 [放弃(U)]：✓

命令：_line 指定第一点：400✓（打开对象追踪，从 B 点沿台面长边方向追踪 400，得到 C 点）

指定下一点或 [放弃(U)]：（向上画垂线）

指定下一点或 [放弃(U)]：✓

命令：_line 指定第一点：400✓（打开对象追踪，从 C 点沿台面长边方向追踪 400，得到 D 点）

指定下一点或 [放弃(U)]：（向上画垂线）

指定下一点或 [放弃(U)]：✓

修剪后结果如图 4-9 所示。

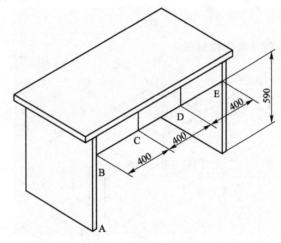

图 4-9　绘制写字台抽屉

5．绘制抽屉把手（图 4-10）

命令：_line 指定第一点：70✓（沿 AB 中点向上追踪 70，得到 C 点）

指定下一点或 [放弃(U)]：〈正交 开〉50✓

指定下一点或 [放弃(U)]：20✓

指定下一点或 [闭合(C)/放弃(U)]：100✓

指定下一点或 [闭合(C)/放弃(U)]：20✓

指定下一点或 [闭合(C)/放弃(U)]：C✓

命令：_copy

选择对象：指定对角点：找到 5 个（选择矩形）

选择对象：✓

当前设置：复制模式 ＝ 多个

指定基点或 [位移(D)/模式(O)] 〈位移〉：〈打开对象捕捉〉〈正交 开〉（选择附近任一点作为基点）

指定第二个点或 [阵列(A)] 〈使用第一个点作为位移〉：〈等轴测平面 左视〉10✓（向抽屉面外移动 10）

指定第二个点或 [阵列(A)/退出(E)/放弃(U)] 〈退出〉：✓

连接所需线段，如图 4-11 所示。

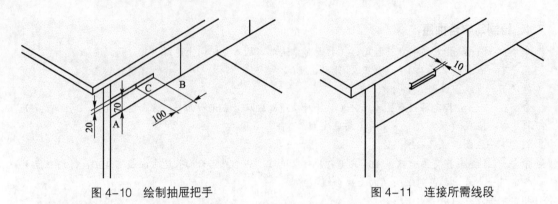

图 4-10　绘制抽屉把手　　　　　　　　图 4-11　连接所需线段

通过修剪，去掉多余的线，复制把手，最终效果如图 4-5 所示。

课后练习

1. 绘制图 4-12 所示的几何体轴测图。

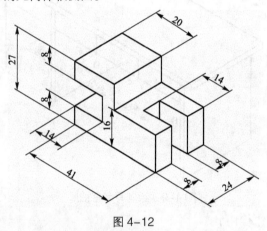

图 4-12

2. 绘制图 4-13 所示的几何体轴测图。

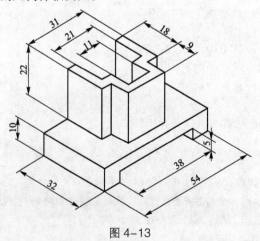

图 4-13

3. 绘制图 4-14 的几何体轴测图。

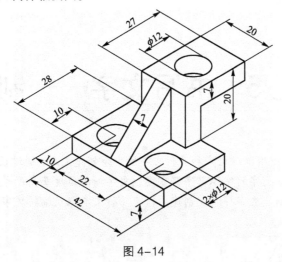

图 4-14

单元5　书写文字——制作标题栏

AutoCAD 软件可以使用单行文字和多行文字的命令创建文本，通过设置文字的样式来控制与文字外观有关联内容，如文字的字体、字符宽度、文字倾斜角度及高度等。

学习本单元，能够创建文字样式、创建单行、多行文本以及编辑文字的操作方法。

● 学习目标

1. 能够创建文字样式。

2. 能够使用单行文字和多行文字的命令创建文本。

3. 能够编辑文字。

● 学习提示

本单元结合具体实例讲解书写文字的方法，以填写标题栏作为实力演练，灵活运用所学内容。本单元由三个任务组成，分别是：

任务1　使用单行文字命令书写文字。

任务2　使用多行文字命令书写文字。

任务3　制作标题栏。

任务1　使用单行文字命令书写文字

任务描述

使用单行文字命令可以非常灵活地创建文本，本任务通过使用单行文字命令创建如图 5-1 所示的文本，讲解书写文字的方法和技巧，另外对特殊符号的书写也加以补充说明。

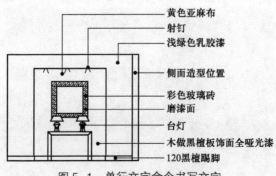

黄色亚麻布
射钉
浅绿色乳胶漆
侧面造型位置
彩色玻璃砖
磨漆面
台灯
木做黑檀板饰面全哑光漆
120黑檀踢脚

图 5-1　单行文字命令书写文字

任务分析

使用单行文字命令书写文字，首先应创建文字样式，再启动单行文字命令。任务中对该命令加以灵活运用，另外，还要注意书写技巧。

相关知识

1. 文字样式（STYLE）

文字样式主要是控制与文本关联的字体、字符宽度、文字倾斜角度及高度等参数，另外，还可通过它设计出相反的、颠倒的以及竖直方向的文本。可以针对每一种不同风格的文字创建对应的文字样式，这样在输入文本时就可以使用相应的文字样式来控制文本的外观。

启动方式

① 命令：STYLE∠

② 下拉菜单：格式→ 文字样式

③ 面板：功能区面板图标：

弹出"文字样式"对话框，如图 5-2 所示。文字样式设置流程如下：单击"新建"按钮，弹出"新建文字样式"对话框，如图 5-3 所示，输入样式名，单击"确定"按钮，回到"文字样式"对话框，如图 5-4 所示，可对新样式的相关选项进行设置。

图 5-2 文字样式对话框

图 5-3 新建文字样式对话框

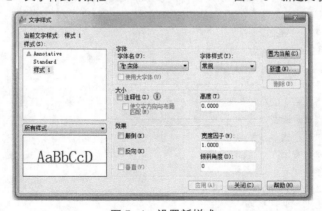

图 5-4 设置新样式

2. 单行文字命令

启动方式

① 命令：TEXT✓

② 下拉菜单：绘图→ 文字→ 单行文字

③ 面板：功能区面板图标：**A**

单行文字输入

任务实现 ——使用单行文字命令书写图 5-1 中所示的文字

字体要求：字体名为 "gbenor.shx"，字体样式为（选择使用大字体）"gbcbig.shx"，字高为 3.5，其操作步骤如下。

1. 设置文字样式

样式名为 "工程字"，字体名选择 "gbenor.shx"，选中 "使用大字体" 复选框，字体样式选择 "gbcbig.shx"，字体高度设为 "0" 其余采用默认设置。并将此样式置为当前样式，如图 5-5 所示。

图 5-5　文字样式对话框

2. 使用单行文字命令书写文字

```
命令：_text
当前文字样式："工程字"　文字高度：　0.0000　注释性：否
指定文字的起点或 [对正(J)/样式(S)]：（拾取 A 点）
指定高度 <0.0000>：3.5✓
指定文字的旋转角度 <0>：✓
输入 "黄色亚麻布"
拾取 B 点，输入 "射钉"
拾取 C 点，输入 "浅绿色乳胶漆"
拾取 D 点，输入 "侧面造型位置"
拾取 E 点，输入 "彩色玻璃砖"
拾取 F 点，输入 "磨漆面"
拾取 G 点，输入 "台灯"
拾取 H 点，输入 "木做黑檀板饰面全哑光漆"
拾取 I 点，输入 "120 黑檀踢脚"
```

回车，结束命令。图中的 A、B、C、D 等各点位置如图 5-6 所示。

> 💡 **提示**：在设置文字样式时，如果设置了文字高度，在执行单行命令操作时将不再提示文字的字高输入；同样，在设置文字样式时如果采用系统默认的文字高度，在执行单行命令操作时，会提示输入文字高度。

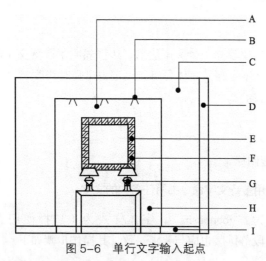

图 5-6 单行文字输入起点

有关输入单行文字中特殊符号的补充说明：

工程图中用到的许多符号都不能通过标准键盘直接输入，如文字的下画线、直径代号等。在使用单行文字命令命令创建文本时，这些特殊符号需用特定的代码输入，其对应关系如表 5-1 所示。

表 5-1 特殊符号的代码对照表

特定代码	特殊符号
%%o	文字的上画线
%%u	文字的下画线
%%d	角度符号
%%p	±符号
%%c	直径代号

如输入"ϕ30"，则输入"%%c30"即可。

任务 2 使用多行文字命令书写文字

🖌️ **任务描述**

使用多行文字命令可以创建较复杂的文字形式，可为单行，也可为多行。所有的文字构成一个单独的对象。使用多行文字命令，可以指定文本分布的宽度，文字沿竖直方向可无限延伸。另外，还能设置多行文字中单个字符或某一部分文字的属性（包括文本的字体、倾斜角度和高度等）。本任务使用多行文字命令创建如下文本。（具体要求见任务实现）

AutoCAD是一款优秀的计算机辅助设计软件，其应用遍及机械、建筑、航天、轻工及军事等设计领域。

任务分析

使用多行文字命令书写文字，也应先创建文字样式。案例中包含中文、英文等文字形式的书写。

相关知识

1.多行文字：

创建多行文字时，首先要建立一个文本边框，边框表明了段落文字的左右边界，然后在文本边框的范围内输入文字。文字字高及字体可事先设定也可随时修改。

2.多行文字命令的启动

① 命令：MTEXT↙

② 下拉菜单：绘图→文字→多行文字

③ 面板：功能区面板图标 A

任务实现 ——使用多行文字命令书写任务中的文字

字体要求：字体名为"gbenor.shx"，字体样式为（选择使用大字体）"gbcbig.shx"，字高为5，段落排版也应与要求一致，其操作步骤如下。

多行文字输入

1.设置文字样式

命令：'_style

打开"文字样式"对话框，新建文字样式，样式名为"工程字"，字体名选择"gbenor.shx"，选择"使用大字体"复选框，字体样式选择"gbcbig.shx"，字体高度设为"0"，其余采用默认设置。并将此样式置为当前样式，如图5-7所示。

图5-7　文字样式对话框

2.使用多行文字命令书写文字

```
命令：_mtext
当前文字样式："工程字"  文字高度：0.0000  注释性：否
指定第一角点：(单击屏幕任一点)
指定对角点或 [高度(H)/对正(J)/行距(L)/旋转(R)/样式(S)/宽度(W)/栏(C)]：(单击屏幕某点，
作为文本框的另一角点)
```

设置字高为5，输入文字，如图5-8所示。

图 5-8　多行文字命令书写文字

3．调整列宽（图 5-9）

向右拖动文本框右上角滑块，段落排版调整至要求效果，点击面板上的"确定"按钮，退出。

图 5-9　调整文本框列宽

有关多行文字中输入特殊符号的补充说明。

如使用多行文字命令书写如下文字（字体和字高设置同上）。

工程图中用到的许多符号都不能通过标准键盘直接输入，如文字中的

±、°、≤、∅等特殊符号的输入，需使用符号（@）输入的功能。

输入正负符号"±"，需在插入正负符号的位置单击鼠标左键，选取符号"@"，左键单击下拉菜单中的"正/负"选项，即可插入，如图 5-10 和图 5-11 所示。

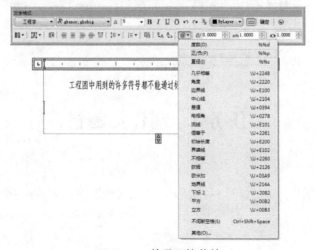

图 5-10　符号下拉菜单

61

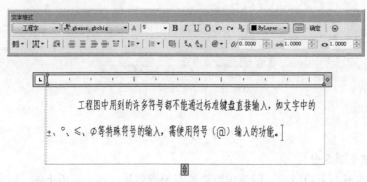

图 5-11　输入特殊符号

输入"≤"时，需左键单击下拉菜单中的"其他"选项，弹出"字符映射表"，如图 5-12 所示，选择"≤"，单击"选择"按钮，再单击"复制"按钮。返回文字输入框，在需要插入"≤"符号的位置单击鼠标左键，再单击鼠标右键，弹出快捷菜单，选取"粘贴"选项。文中其他特殊符号的输入操作相同。最终效果如图 5-11 所示。

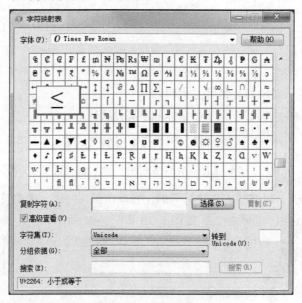

图 5-12　字符映射表

任务 3　制作标题栏

任务描述

本任务以填写标题栏为例，如图 5-13 所示，不仅灵活运用了文字书写命令，还学习了常用的书写技巧。

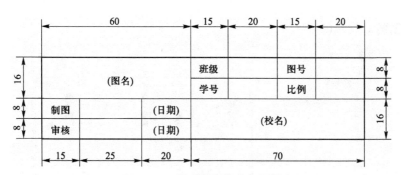

图 5-13　学生制图作业标题栏

任务分析

标题栏中字体相同，但有不同的字号要求，填写时应该注意。本案例的填写技巧是先正常书写一组文字，再通过复制命令进行复制，最后对复制的文字进行编辑。

相关知识

有关标题栏的几点说明：

① 标题栏一般位于图框的右下角，如图 5-14 所示。

② 标题栏的格式和尺寸在国标中均有规定，在校学习期间将采用图 5-13 所示的学生用标题栏。

③ 标题栏中的文字方向通常与看图方向一致。

④ 标题栏中一般需填写如下几项内容：图名、图号、单位名称、设计人姓名、日期等。

⑤ 标题栏的外框线为粗实线，内部分栏线为细实线。

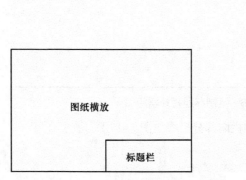

图 5-14　标题栏的位置

任务实现——绘制"学生制图作业标题栏"（图 5-13）

绘制要求：

① 字体：字体名为"gbenor.shx"，字体样式为（选择使用大字体）"gbcbig.shx"。

② 字号："（图名）"、"（校名）"为 5 号字，其余为 3.5 号字。

绘制过程如下。

1. 设置图层（图 5-15）。

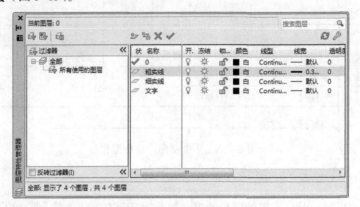

图 5-15　设置图层

2. 按照尺寸要求绘制表格线

① 将粗实线层置为当前层，绘制标题栏外框线（图 5-16）。

命令：_line 指定第一点：（单击屏幕内任一点）
指定下一点或 [放弃(U)]：<正交 开> 32↙
指定下一点或 [放弃(U)]：120↙
指定下一点或 [闭合(C)/放弃(U)]：32↙
指定下一点或 [闭合(C)/放弃(U)]：c↙

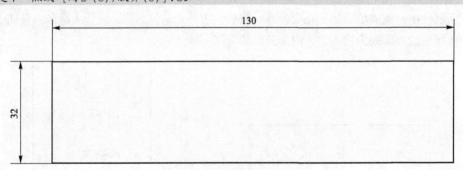

图 5-16　绘制标题栏外框线

② 将细实线层置为当前层，绘制标题栏内部分栏线（图 5-17）。

命令：_offset↙
当前设置：删除源=否　图层=源　OFFSETGAPTYPE=0
指定偏移距离或 [通过(T)/删除(E)/图层(L)] <8.0000>：8↙
选择要偏移的对象，或 [退出(E)/放弃(U)] <退出>：（拾取线段 1）
指定要偏移的那一侧上的点，或 [退出(E)/多个(M)/放弃(U)] <退出>：（在线段 1 下方单击一点）
选择要偏移的对象，或 [退出(E)/放弃(U)] <退出>：（拾取线段 2）
指定要偏移的那一侧上的点，或 [退出(E)/多个(M)/放弃(U)] <退出>：（在线段 2 下方单击一点）
选择要偏移的对象，或 [退出(E)/放弃(U)] <退出>：（拾取线段 3）
指定要偏移的那一侧上的点，或 [退出(E)/多个(M)/放弃(U)] <退出>：（在线段 3 下方单击一点）
选择要偏移的对象，或 [退出(E)/放弃(U)] <退出>：↙
将所线段 1、线段 2、线段 3 的图层改为细实线层。

图 5-17　绘制标题栏内部线

③ 使用偏移、修剪等命令按照尺寸要求绘制标题栏中内部线，结果如图 5-18 所示。

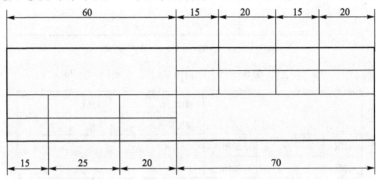

图 5-18　绘制标题栏内部线

3. 填写标题栏

① 设置文字样式，样式名为"标题栏"，字体名选择"gbenor.shx"，选中"使用大字体"复选框，字体样式选择"gbcbig.shx"，字体高度设为"0"，其余采用默认设置，如图 5-19 所示。

图 5-19　文字样式对话框

② 使用单行文字书写"制图"（图 5-20）。

将文字样式名为"标题栏"置为当前样式。

```
命令：_text↙
当前文字样式：  "标题栏"  文字高度： 0.0000  注释性： 否
指定文字的起点或 [对正(J)/样式(S)]：J
输入选项
```

```
[对齐(A)/布满(F)/居中(C)/中间(M)/右对齐(R)/左上(TL)/中上(TC)/右上(TR)/左中(ML)/正中(MC)/右中(MR)/左下(BL)/中下(BC)/右下(BR)]: BL
指定文字的左下点: <打开对象捕捉>(捕捉A点)
指定高度 <0.0000>: 3.5↙
指定文字的旋转角度 <0>:↙
输入文字“制图”，回车结束命令。
```

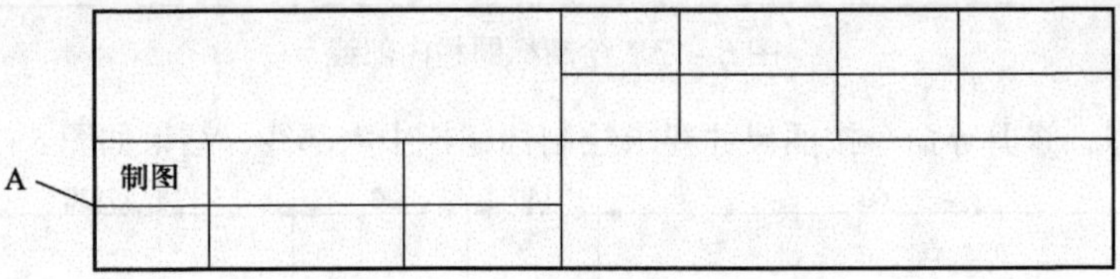

图 5-20　使用单行文字书写文字

③ 使用复制命令，将“制图”复制到如图的位置上，如图 5-21 所示。

			制图		制图	
			制图		制图	
制图		制图				
制图		制图				

图 5-21　复制文字

④ 双击所复制的“制图”，修改为相应的文字内容，双回车结束，如图 5-22 所示。

			班级		图号	
			学号		比例	
制图		（日期）				
审核		（日期）				

图 5-22　修改文字

⑤ 使用同样的方法书写其余文字，完成如图 5-23 所示。

```
命令: _text
当前文字样式: “标题栏”  文字高度: 0.0000  注释性: 否
指定文字的起点或 [对正(J)/样式(S)]:(拾取相应点)
指定高度 <0.0000>: 5↙
指定文字的旋转角度 <0>:↙
输入相应的文字，回车结束命令。
```

（图名）			班级		图号	
			学号		比例	
制图		（日期）	（校名）			
审核		（日期）				

图 5-23　书写其余文字

课后练习

1. 使用单行文字命令书写图 5-24 中所示的文字。字体要求：字体名为 "gbenor.shx"，字体样式为（选择使用大字体）"gbcbig.shx"。字高为 10。

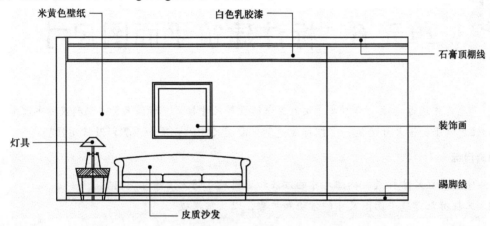

图 5-24

2. 使用多行文字命令书写图 5-25 所示文字。段落排版如图，字体要求：字体名为 "gbenor.shx"，字体样式为（选择使用大字体）"gbcbig.shx"，字高为 5。

工程说明

1. 本工程的 ±0.000 标高零点
   由现场决定。
2. 混凝土强度等级为 C20。
3. 基础施工时，需与设备工
   种密切配合。

图 5-25

3. 创建图 5-26 所示表格，表格中所有线型均为细实线，并使用单行文字命令书写表格中的文字，字体要求：字体名为 "gbenor.shx"，字体样式为（选择使用大字体）"gbcbig.shx"，字高 3.5。

门窗编号	洞口尺寸	数量	位置
M1	4 260×2 700	2	阳台
M2	1 500×2 700	1	主入口
C1	1 800×1 800	2	楼梯间
C2	1 020×1 500	2	卧室
20	40	15	30

图 5-26

67

单元6 标注建筑平面图尺寸

本单元首先通过标注平面图尺寸实例，介绍设置尺寸样式、标注尺寸、编辑尺寸的操作方法。再以标注建筑平面图尺寸为例，介绍标注建筑平面图尺寸的方法和步骤以及常用技巧。

● 学习目标

1. 掌握设置尺寸样式、标注尺寸的方法和编辑尺寸的方法等相关内容。
2. 掌握标注建筑平面图尺寸的方法和步骤，以及常用技巧。

● 学习提示

本单元所选标注案例从标注平面图到尺寸到标注建筑平面图到尺寸。由易到难，循序渐进。特别要注意的是标注建筑平面图尺寸时所使用的技巧及标注流程。本单元由两个任务组成，分别是：

任务1 平面图尺寸标注。

任务2 建筑平面图尺寸标注。

任务1 标注平面图尺寸

任务描述

本任务通过标注平面图尺寸，如图6-1所示，掌握设置标注样式、常用到的尺寸标注类型和一些标注技巧。

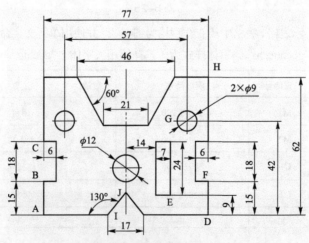

图6-1 标注平面图尺寸

任务分析

本任务涉及多种尺寸标注类型，如：线性尺寸、连续尺寸、角度尺寸、直径尺寸等，另外还会用到特殊符号的输入等多个知识点内容。

相关知识

1. 标注样式

尺寸标注的外观是由当前尺寸样式控制的，所以，不同的尺寸外观需配有不同的尺寸样式。创建尺寸标注时，系统提供了一个默认的尺寸样式 ISO-25，这个样式内的选项是可以改变的，也可以设置用户的新样式。

启动方式

① 命令：DIMSTYLE√ 或 D√

② 下拉菜单：格式 → 标注样式

③ 面板：功能区面板图标：

弹出"标注样式管理器"对话框，如图 6-2 所示。标注样式设置流程如下：单击"新建"按钮；弹出"创建新标注样式"对话框，如图 6-3 所示。输入样式名称后，单击"继续"按钮，弹出"新建标注样式"对话框，如图 6-4 所示。该对话框可对"线""符号和箭头""文字""调整""主单位""换算单位""公差"等选项进行设置。

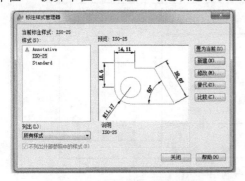

图 6-2　标注样式管理器对话框

图 6-3　创建新标注样式对话框

图 6-4　新建标注样式对话框

常用选项设置说明如下：

（1）"线"选项

设置尺寸线、尺寸界线的格式和特性。

① "尺寸线"区。可对尺寸线的颜色、线型、线宽、超出标记、基线间距、隐藏进行设置。其中"基线间距"是指当执行"基线尺寸"标注类型时两尺寸线间的距离，一般设为 5～7mm，如图 6-5 和图 6-6 所示。

② "隐藏"。隐藏是指是否隐藏某一侧尺寸线，主要用于半剖视图的尺寸标注。

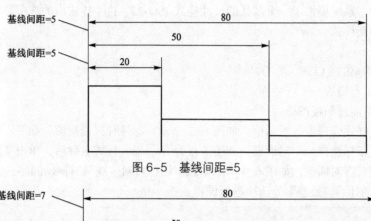

图 6-5　基线间距=5

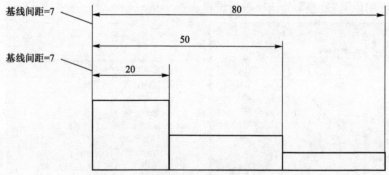

图 6-6　基线间距=7

③ "尺寸界线"区。可对尺寸界线的颜色、线型、线宽、超出尺寸线、起点偏移量等进行设置。

超出尺寸线。设定尺寸界线超出尺寸线的距离，一般设定为 2～3mm，如图 6-7 所示。

起点偏移量。设定尺寸界线起始点的偏移量，如图 6-8 所示。

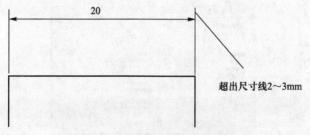

图 6-7　设置超出尺寸线的距离

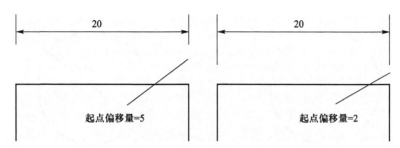

图 6-8 设置起点偏移量

（2）"符号和箭头"选项

可对箭头、圆心标记、弧长符号等内容进行设置。

① "箭头"区。设置尺寸线终端的格式。

② "圆心标记"区。控制圆心的显示方式。

（3）"文字"选项

可对标注文字的格式、位置和对齐方式等进行设置。

① "文字外观"区。可对文字样式、文字颜色、文字高度等进行设置。

② "文字位置"区。可对文字的位置、观察方向，以及从尺寸线偏移量等进行设置。

a."垂直"分为上、居中、下、外部等，其常用选项含义如图 6-9 所示。

b."从尺寸线偏移"选项含义如图 6-10 所示。

"文字对齐"选项分为水平、与尺寸线对齐、ISO 标准，其常用选项含义如图 6-11 所示。

不同的标注文字外观需配有不同的样式。如图 6-9、图 6-10 和图 6-11 所示的不同的标注形式，就需要设置不同的尺寸标注样式。

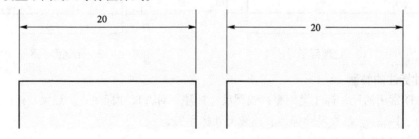

（a）文字位置为"上"　　　　　　（b）文字位置为"居中"

图 6-9 设置文字位置

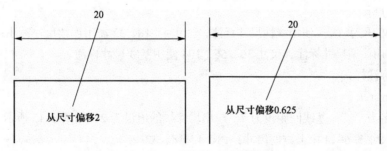

图 6-10 设置从尺寸线偏移

71

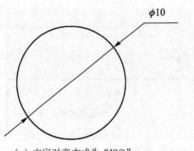

（a）文字对齐方式为"ISO" （b）文字对齐方式为"与尺寸线对齐"

图 6-11　设置文字对齐

（4）"主单位"选项

可对标注单位的精度、比例因子等内容进行设置。

当所标注的尺寸数值较大或较小，经常会用到比例因子。图 6-12 所示为当比例因子等于 1 时，所标注尺寸为所绘制的线段长度，当所标注的尺寸较大，如标注建筑总平面图尺寸，可选择大于 1 的比例因子。图 6-13 所示为当比例因子等于 10 时，上图尺寸的显示效果。同理，当比例因子小于时，所标注的尺寸会同比例缩小。

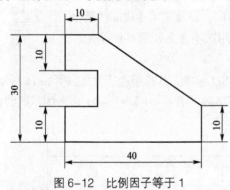 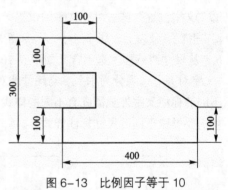

图 6-12　比例因子等于 1 　　　　　　　　图 6-13　比例因子等于 10

2．尺寸标注的类型

AutoCAD 常用的尺寸标注类型有：线型尺寸标注、对齐尺寸标注、半径尺寸标注、直径尺寸标注、角度尺寸标注、基线尺寸标注、连续尺寸标注等。

下面举例说明几种常见类型的标注方法。

例 1：图 6-14 为一平面图的部分尺寸，使用线型尺寸标注、连续尺寸标注和基线尺寸进行标注。

（1）尺寸分析

图 6-14 中的尺寸 18 应使用线性尺寸标注，尺寸 4、18、32 需用连续尺寸标注；图 6-14 中下部的尺寸 14 使用线型尺寸标注，尺寸 30、56、104 使用基线尺寸标注。

（2）设置标注样式

命令：_dimstyle

新建样式名为"1"，基线间距设为 7，超出尺寸线的值设为 2，如图 6-15 所示。

（3）标注尺寸图 6-14 中上方的尺寸：18、4、18、32

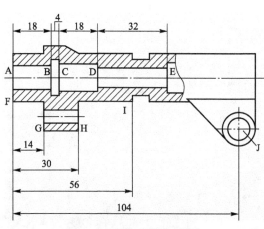

图 6-14　平面图尺寸标注

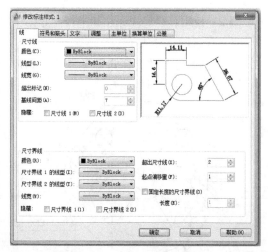

图 6-15　新建标注样式对话框

```
命令：_dimlinear
指定第一个尺寸界线原点或 <选择对象>：（拾取 A 点）
指定第二条尺寸界线原点：（拾取 B 点）
指定尺寸线位置或
[多行文字(M)/文字(T)/角度(A)/水平(H)/垂直(V)/旋转(R)]：（确定尺寸线的位置）
标注文字 = 18
命令：_dimcontinue
指定第二条尺寸界线原点或 [放弃(U)/选择(S)] <选择>：（拾取 C 点）
标注文字 = 4
指定第二条尺寸界线原点或 [放弃(U)/选择(S)] <选择>：（拾取 D 点）
标注文字 = 18
指定第二条尺寸界线原点或 [放弃(U)/选择(S)] <选择>：（拾取 E 点）
标注文字 = 32
指定第二条尺寸界线原点或 [放弃(U)/选择(S)] <选择>：✓
```

（4）标注图 6-14 中的尺寸：14、30、56、104

```
命令：_dimlinear
指定第一个尺寸界线原点或 <选择对象>： <打开对象捕捉>（拾取 F 点）
指定第二条尺寸界线原点：（拾取 G 点）
指定尺寸线位置或
[多行文字(M)/文字(T)/角度(A)/水平(H)/垂直(V)/旋转(R)]：（确定尺寸线的位置）
标注文字 = 14
命令：_dimbaseline
指定第二条尺寸界线原点或 [放弃(U)/选择(S)] <选择>：（拾取 H 点）
标注文字 = 30
指定第二条尺寸界线原点或 [放弃(U)/选择(S)] <选择>：（拾取 I 点）
标注文字 = 56
指定第二条尺寸界线原点或 [放弃(U)/选择(S)] <选择>：（拾取 J 点）
标注文字 = 104
指定第二条尺寸界线原点或 [放弃(U)/选择(S)] <选择>：✓
```

例 2：使用直径尺寸标注和半径尺寸标注图 6-16 中的尺寸。

（1）设置标注样式

① 新建尺寸样式，样式名为"工程标注"（图 6-17）。

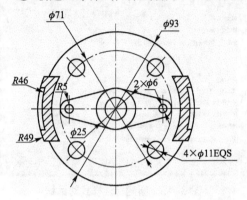

图 6-16　直径尺寸标注和半径尺寸标注　　　　图 6-17　标注样式管理器对话框

② "文字"选项中，文字样式选用"标注文字"样式（"标注文字"样式的字体设置如图 6-18 所示），文字高度设为 3.5；"文字对齐"选择"ISO"，如图 6-19 所示。

图 6-18　文字样式设置对话框

图 6-19　工程标注样式"文字"选项对话框

将"工程标注"样式置为当前样式。

（2）标注尺寸 $\phi71$、$\phi93$、$\phi25$、$\phi6$ 和 $4×\phi11$EQS

```
命令：_dimdiameter
选择圆弧或圆：（拾取φ71圆）
标注文字 = 71
指定尺寸线位置或 [多行文字(M)/文字(T)/角度(A)]：（选择适当位置）
命令：_dimdiameter
选择圆弧或圆：（拾取φ93圆）
标注文字 = 93
指定尺寸线位置或 [多行文字(M)/文字(T)/角度(A)]：（选择适当位置）
命令：_dimdiameter
选择圆弧或圆：（拾取φ25圆）
标注文字 = 25
指定尺寸线位置或 [多行文字(M)/文字(T)/角度(A)]：<对象捕捉 关>（选择适当位置）
命令：_dimdiameter
选择圆弧或圆：（拾取φ6圆）
标注文字 = 6
指定尺寸线位置或 [多行文字(M)/文字(T)/角度(A)]：<对象捕捉 关>（选择适当位置）
命令：_dimdiameter
选择圆弧或圆：（拾取φ11圆）
标注文字 = 11
指定尺寸线位置或 [多行文字(M)/文字(T)/角度(A)]：T✓
输入标注文字 <11>：4×%%c11EQS✓
指定尺寸线位置或 [多行文字(M)/文字(T)/角度(A)]：（选择适当位置）
```

（3）标注尺寸 R46、R49、R5

```
命令：_dimradius
选择圆弧或圆：（拾取R49圆弧）
选择圆弧或圆：
标注文字 = 49
指定尺寸线位置或 [多行文字(M)/文字(T)/角度(A)]：（选择适当位置）
命令：_dimradius
选择圆弧或圆：（拾取R46圆弧）
标注文字 = 46
指定尺寸线位置或 [多行文字(M)/文字(T)/角度(A)]：（选择适当位置）
命令：_dimradius
选择圆弧或圆：（拾取R5圆弧）
标注文字 = 5
指定尺寸线位置或 [多行文字(M)/文字(T)/角度(A)]：（选择适当位置）
```

例 3：调整图 6-20 中位置不合理的尺寸。

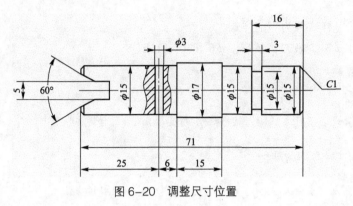

图 6-20　调整尺寸位置

（1）尺寸分析

根据尺寸标注的"里小外大"原则，尺寸"71"应该在尺寸"25""6""15"之下为宜；根据尺寸标注的"尺寸线不相交"原则，尺寸"60°"应在尺寸"5"的左侧为宜。

（2）调整位置

调整尺寸"60°"和尺寸"5"：左键单击尺寸"60°"，如图 6-21 所示，将光标放在数字"60"上，蓝色高亮块变红，随即弹出下拉菜单，选择"随尺寸线移动"，将数字向左移动，调整至合适位置。用同样的方法调整尺寸"5"，使之向右移动至适当位置。

调整尺寸"71°"和尺寸"25""6""15"：同上。

调整后效果如图 6-22 所示。

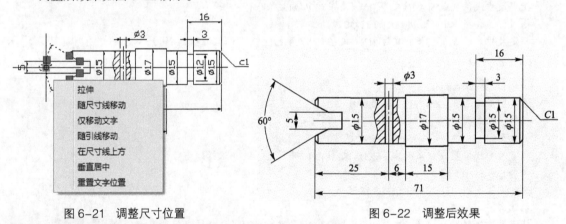

图 6-21　调整尺寸位置　　　　　　　　　　图 6-22　调整后效果

3．全局比例

全局比例与标注的尺寸值无关，主要控制标注各要素的大小，如文字高度、箭头大小等。打开"标注样式"对话框，单击"修改"按钮，打开"修改标注样式"对话框，单击"调整"选项卡，即可设置全局比例的值。如当全局比例设为 2 时，相关的尺寸要素的大小会变为原来的一倍，如图 6-23 所示。

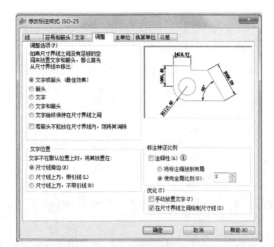

图 6-23　修改标注样式对话框

任务实现 ——标注平面图形尺寸（图 6-1）

1. 标注尺寸要点分析

① 尺寸"15""18"为连续尺寸。

② 尺寸"9""15""42""62"为基线尺寸。

③ 尺寸"ϕ12""2×ϕ9""60°"和 130° 所采用的标注样式中，文字对齐　标注平面图形尺寸
应为"ISO"。

④ 角度尺寸标注，尺寸数字应为水平。

2. 操作步骤

（1）新建文字样式

样式名为"标注文字"，与该样式相关联的字体设置是"gbenor.shx"和选中"使用大字体"
"gbcbig.shx"。

（2）新建尺寸样式

样式名为"工程标注"，对该样式进行以下设置。

① 尺寸起止符号为"实心闭合"，其大小为"2.5"，文字高度为"3.5"。

② 尺寸界线超出尺寸线的长度等于"2"。

③ 尺寸线起始点与标注对象端点间的距离为"0.6"。

④ 标注基线尺寸时，平行尺寸线间的距离为"6"。

⑤ 文字对齐方式为"ISO"，其余采用默认设置。

将"工程标注"样式置为当前样式。

（3）标注尺寸"15""18"

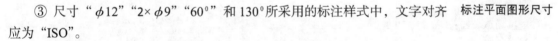

```
命令：_dimlinear
指定第一个尺寸界线原点或 <选择对象>：<打开对象捕捉>（拾取 A 点）
指定第二条尺寸界线原点：（拾取 B 点）
指定尺寸线位置或
```

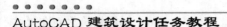

[多行文字(M)/文字(T)/角度(A)/水平(H)/垂直(V)/旋转(R)]:（将尺寸线放置适当位置）
标注文字 = 15
命令：_dimcontinue
指定第二条尺寸界线原点或 [放弃(U)/选择(S)] <选择>:（拾取 C 点）
标注文字 = 18
指定第二条尺寸界线原点或 [放弃(U)/选择(S)] <选择>:✓

（4）标注尺寸"9""15""42""62"

命令：_dimlinear
指定第一个尺寸界线原点或 <选择对象>:（拾取 D 点）
指定第二条尺寸界线原点:（拾取 E 点）
指定尺寸线位置或
[多行文字(M)/文字(T)/角度(A)/水平(H)/垂直(V)/旋转(R)]:（将尺寸线置于适当位置）
标注文字 = 9
命令：dimbaseline
指定第二条尺寸界线原点或 [放弃(U)/选择(S)] <选择>:（拾取 F 点）
标注文字 = 15
指定第二条尺寸界线原点或 [放弃(U)/选择(S)] <选择>:（拾取 G 点）
标注文字 = 42
指定第二条尺寸界线原点或 [放弃(U)/选择(S)] <选择>:（拾取 H 点）
标注文字 = 62
指定第二条尺寸界线原点或 [放弃(U)/选择(S)] <选择>:✓

（5）标注尺寸"$\phi 12$"和"$2\times\phi 9$"

命令：dimdiameter
选择圆弧或圆:（拾取 $\phi 12$ 圆）
标注文字 = 12
指定尺寸线位置或 [多行文字(M)/文字(T)/角度(A)]:（将尺寸线置于适当位置）
命令：dimdiameter
选择圆弧或圆:（拾取 $\phi 9$ 圆）
标注文字 = 9
指定尺寸线位置或 [多行文字(M)/文字(T)/角度(A)]:T✓
输入标注文字 <9>: 2×%%c9✓
指定尺寸线位置或 [多行文字(M)/文字(T)/角度(A)]:（将尺寸线置于适当位置）

（6）标注角度尺寸"130°"和"60°"

命令：dimangular
选择圆弧、圆、直线或 <指定顶点>:（拾取线段 AI）
选择第二条直线:（拾取线段 IJ）
指定标注弧线位置或 [多行文字(M)/文字(T)/角度(A)/象限点(Q)]:（将尺寸线置于适当位置）
标注文字 = 130
使用同样的方法标注尺寸"60°"

其余尺寸均按线性尺寸标注。

任务 2 　标注建筑平面图尺寸

任务描述

　　本任务以标注建筑平面图尺寸为例，如图 6-24 所示，掌握标注建筑平面图尺寸的标注方法、过程及标注技巧。

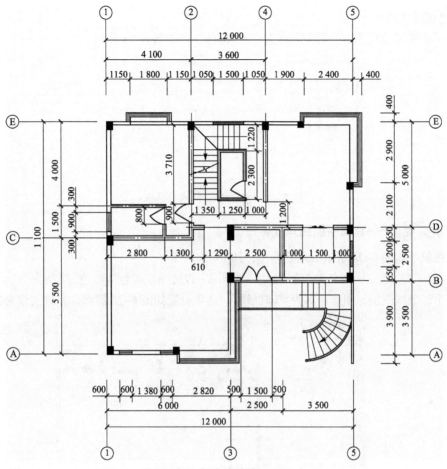

图 6-24　标注建筑平面图尺寸

任务分析

标注建筑平面图尺寸的主要步骤为：设置图层、设置尺寸样式、使用构造线命令创建辅助线、标注尺寸、绘制轴线编号。

相关知识

1. 构造线

在建筑标注平面图尺寸时，经常用到构造线创建辅助线。

构造线是无限长的线，利用它可直接绘制出水平、竖直、倾斜及平行的直线，可用做图形中的定位线或绘图辅助线。

启动方式：

① 命令：XLINE✓ 或 XL ✓

② 下拉菜单：绘图 → 构造线

③ 面板：功能区面板图标

2．修改标注样式

建筑平面图尺寸标注中的箭头应选为"建筑标记"，如图 6-25 所示。

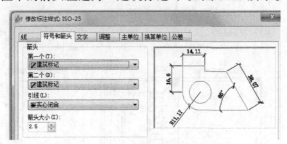

图 6-25　修改标注样式对话框

任务实现——建筑平面图尺寸标注

完成建筑平面图 6-24 所示的尺寸标注，其步骤如下：

① 设置图层。建立一个名为"建筑标注"的图层，设置图层颜色为红色，线型为"Continuous"，再建立一个辅助线图层，图层命名为"辅助线"，选项设置如图 6-26 所示，并将其设为当前层。

图 6-26　设置图层

② 设置文字样式。建立一个新的文字样式，样式名为"标注文字"，与该样式相关联的字体"gbenor.shx"和选中"使用大字体""gbcbig.shx"，如图 6-27 所示。

图 6-27　文字样式对话框

③ 设置尺寸样式。建立一个新尺寸样式，样式名为"建筑标注"。

● 文字样式为"标注文字"，文字高度等于"3.5"。

● 箭头符号为"建筑标记"，其大小为"1.3"。

● 尺寸界线超出尺寸线的长度等于"2"。

● 尺寸线起始点与标注对象端点间的距离为"2"。

● 基线间距设为"6"。

● 全局比例因子设为"100"。

将"建筑标注"设置为当前样式。

④ 打开"对象捕捉"，设置捕捉类型为"端点""交点"。

⑤ 使用构造线命令绘制水平辅助线 a 和竖直辅助线 b、c、d、e……如图 6-28 所示。

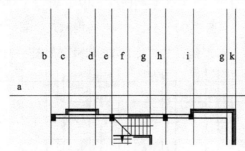

图 6-28　绘制辅助线

```
命令：_xline 指定点或 [水平(H)/垂直(V)/角度(A)/二等分(B)/偏移(O)]：H
指定通过点：（绘制水平辅助线 a）
指定通过点：↙
命令：_xline 指定点或 [水平(H)/垂直(V)/角度(A)/二等分(B)/偏移(O)]：V
指定通过点：（绘制水平辅助线 b）
指定通过点：（绘制水平辅助线 c）
指定通过点：（绘制水平辅助线 d）
指定通过点：↙
```

⑥ 打开"对象捕捉"，使用线性标注命令标注尺寸"1150"，使用连续标注命令标注尺寸"1800" "150""1050"等尺寸，如图 6-29 所示。

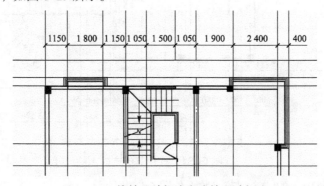

图 6-29　线性尺寸标注和连续尺寸标注

⑦ 再使用线性标注命令、连续标注命令标注尺寸"4100""3600""4300""12000",如图 6-30 所示。

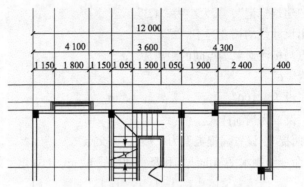

图 6-30　线性尺寸标注和连续尺寸标注

⑧ 使用同样的方法标注图样左侧、右侧及下方的尺寸,如图 6-31 所示。

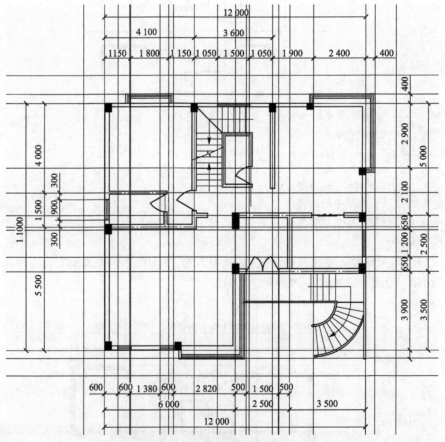

图 6-31　标注其他方向上的尺寸

⑨ 标注建筑物内部的结构细节尺寸,如图 6-32 所示。

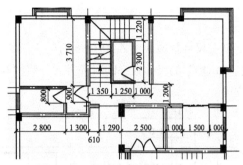

图 6-32　标注内部细节尺寸

⑩ 绘制轴线引出线，绘制半径为 350 的圆，在圆内书写轴线编号"1"，字高为 350，如图 6-33 所示。

图 6-33　绘制轴号及引出线

⑪ 复制圆及轴线编号，如图 6-34 所示。

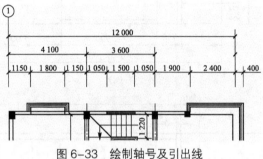

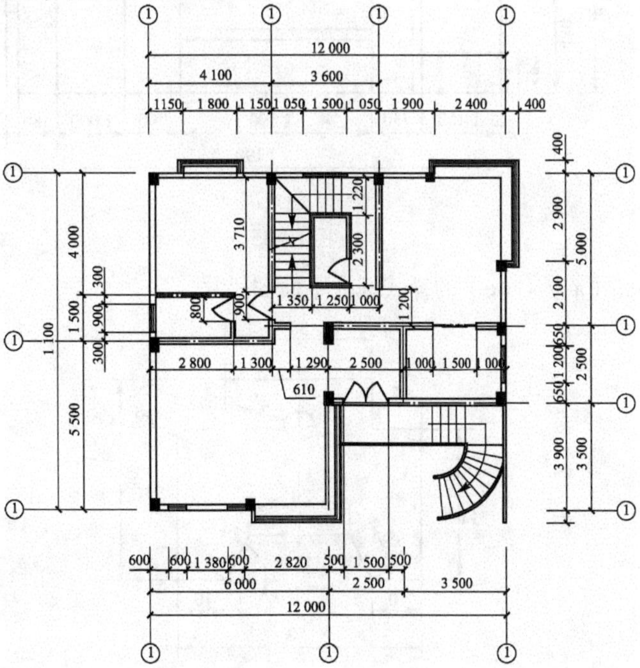

图 6-34　复制轴号

⑫ 双击轴线编号，修改编号数字，关闭"辅助线"图层，如图 6-24 所示。

课后练习

1. 将图 6-35（a）中的部分尺寸修改成图 6-35（b）的尺寸，修改内容如下，"6000" 改为 "L"；"450" 改为 "550"；修改 "$\phi840$" 的尺寸数字的对齐方式，将 "与尺寸线对齐" 改为 "ISO" 对齐；重置尺寸 "150" 的位置。

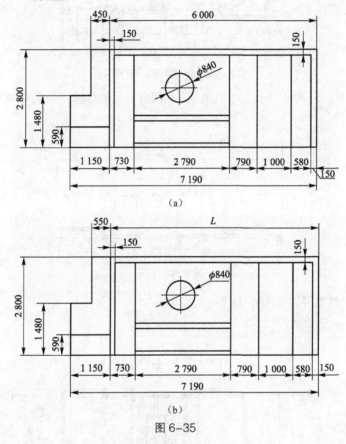

（a）

（b）

图 6-35

2. 按照图 6-36（a）~（e）的样式标注平面图尺寸。

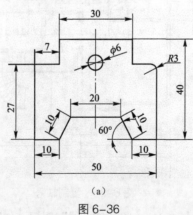

（a）

图 6-36

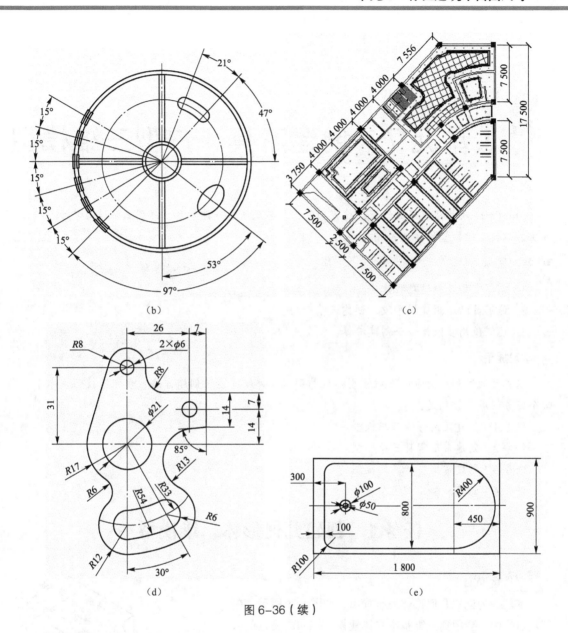

图 6-36（续）

单元 7　创建家具、户型三维模型

AutoCAD 软件具有强大的三维建模功能，本单元通过创建家具、户型三维模型学习各种建模方法、编辑三维模型的方法等相关知识。

● 学习目标

1. 掌握常用建模的几种方法。
2. 能够灵活运用建模手段，创建三维模型。
3. 能够使用多段体命令创建墙体。

● 学习提示

本单元通过创建大量的三维模型，从易到难，详细阐述了创建方法、步骤及技巧。本单元由四个任务组成，分别是：

任务 1　创建几何形体三维模型。
任务 2　创建常用家具三维模型。
任务 3　创建常用餐具三维模型。
任务 4　创建户型三维模型。

任务 1　创建几何形体三维模型

任务描述

本任务为创建几何形体三维模型，如图 7-1 所示，在创建过程中，会用到三维基本立体建模、拉伸建模、布尔运算等多方面知识，为后面较复杂的家具、餐具、墙体建模打下基础。

任务分析

本任务通过创建几何形体模型，掌握创建三维模型的基本方法、步骤及常用技巧。

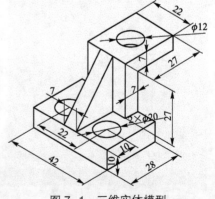

图 7-1　三维实体模型

相关知识

在 AutoCAD 中，可以通过功能面板图标，创建圆柱体、球体及锥体等基本立体及实体编辑等操作，启动三维工具功能面板的方法，如图 7-2 所示，将鼠标放在功能面板的空白处，单击右键，勾选"显示选项卡"子菜单的"三维工具"。三维工具功能面板如图 7-3 所示。

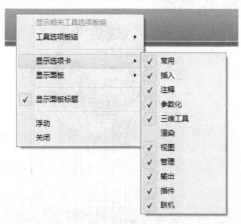

图 7-2　启动三维工具功能面板

图 7-3　三维工具的功能面板

1. 创建三维基本立体

创建常见的基本立体（图 7-4），要输入的主要参数如下。

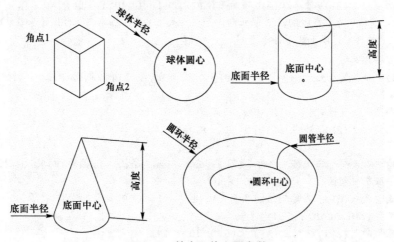

图 7-4　基本立体主要参数

① 长方体：指定长方体的一个角点，再输入另一个角点的相对坐标。

② 球体：指定圆心，输入球体半径。

③ 圆柱体：指定圆柱体底面中心，输入圆柱体底面半径及高度。

④ 圆锥体：指定圆锥体底面中心，输入圆锥体底面半径及高度。

⑤ 圆环体：指定圆环中心点，输入圆环体半径及圆管半径。

例 1：创建如图 7-5 所示的三维模型。

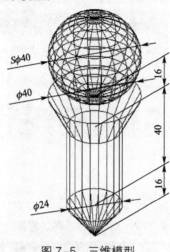

图 7-5　三维模型

```
命令：isoline
ISOLINES
输入 ISOLINES 的新值 <4>：20↙
命令：_cone
    指定底面的中心点或 [三点(3P)/两点(2P)/切点、切点、半径(T)/椭圆(E)]：( 在 XOY 平面内单击
任意一点作为底面的中心点 )
    指定底面半径或 [直径(D)] <12.0000>：12↙
    指定高度或 [两点(2P)/轴端点(A)/顶面半径(T)] <16.0000>：-16↙
    ( 锥高为正，圆锥顶点生成方向沿 Z 轴正向；否则，反之。在圆柱体、圆台体等基本体的创建中，高度
值正负的区别也是一样的，以下就不再赘述。)
    命令：_cylinder
    指定底面的中心点或 [三点(3P)/两点(2P)/切点、切点、半径(T)/椭圆(E)]：<打开对象捕捉>( 捕
捉圆锥底面圆心 )
    指定底面半径或 [直径(D)] <12.0000>：↙
    指定高度或 [两点(2P)/轴端点(A)] <-16.0000>：40↙
    命令：_cone
    指定底面的中心点或 [三点(3P)/两点(2P)/切点、切点、半径(T)/椭圆(E)]：( 捕捉圆柱顶面圆心 )
    指定底面半径或 [直径(D)] <12.0000>：↙
    指定高度或 [两点(2P)/轴端点(A)/顶面半径(T)] <16.0000>：T↙
    指定顶面半径 <40.0000>：20↙
    指定高度或 [两点(2P)/轴端点(A)] <16.0000>：16↙
    命令：_sphere
    指定中心点或 [三点(3P)/两点(2P)/切点、切点、半径(T)]：<对象捕捉追踪 开> 20↙ ( 沿圆台
```

顶面圆心向上追踪 20, 作为球体圆心。)
　指定半径或 [直径(D)] <12.0000>: 20↙

　　例 2：创建如图 7-6 所示的三维模型。
　　（1）创建长方体Ⅰ [图 7-7(a)]

　命令：_box↙
　指定第一个角点或 [中心(C)]：（在 XOY 平面内单击任意一点）
　指定其他角点或 [立方体(C)/长度(L)]: @54,36,18↙

　　（2）创建长方体Ⅱ [图 7-7(b)]

　命令：_box
　指定第一个角点或 [中心(C)]：（捕捉 1 点）
　指定其他角点或 [立方体(C)/长度(L)]: @-18,36,18↙

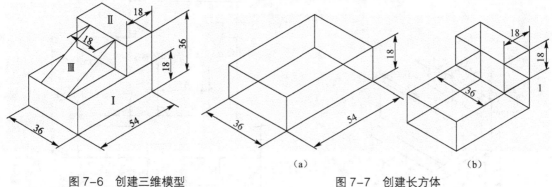

图 7-6　创建三维模型　　　　图 7-7　创建长方体

　　（3）创建楔体Ⅲ（图 7-8）

　命令：_wedge↙
　指定第一个角点或 [中心(C)]：<对象捕捉追踪 开> 9↙（从 2 点沿 Y 轴正向追踪 9 作为第一个角点）
　指定其他角点或 [立方体(C)/长度(L)]: @-36,18↙
　指定高度或 [两点(2P)] <16.4193>: 18↙

消隐后效果如图 7-6 所示。

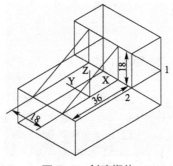

图 7-8　创建楔体

2．拉伸建模

　　AutoCAD 可以拉伸二维对象生成 3D 实体或曲面，若拉伸闭合对象，则生成实体，否则生成曲面。操作时，可指定拉伸高度值及拉伸的锥角，还可沿某一直线或曲线路径进行拉伸。

启动方式：

① 命令：EXTRUDE 或简写 EXT↙

② 下拉菜单：绘图→ 建模→ 拉伸

③ 面板：功能区面板图标 ⬆

例 1：使用拉伸建模的方法，创建图 7-9 的三维模型

分析图形：

可先绘制截面图形，再通过功能区面板图标 ⬆，拉伸截面图形，得到三维实体。

（1）绘制截面图形

按照图示截面尺寸绘制如图 7-10 所示的截面平面图。

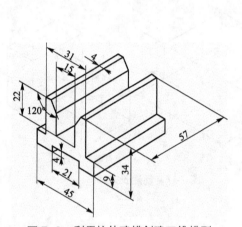

图 7-9　利用拉伸建模创建三维模型

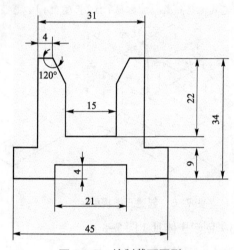

图 7-10　绘制截面图形

（2）创建面域

```
命令：_region
选择对象：指定对角点：找到 20 个（选取构成截面图形的所有线段）
选择对象：↙
已提取 1 个环。
已创建 1 个面域
```

（3）使用拉伸建模创建三维实体模型（图 7-9）

```
命令：_extrude
当前线框密度：ISOLINES=30，闭合轮廓创建模式 = 实体
选择要拉伸的对象或 [模式(MO)]：_MO 闭合轮廓创建模式 [实体(SO)/曲面(SU)] <实体>：_SO
选择要拉伸的对象或 [模式(MO)]：找到 1 个（拾取截面图形）
选择要拉伸的对象或 [模式(MO)]：↙
指定拉伸的高度或 [方向(D)/路径(P)/倾斜角(T)/表达式(E)] <57.0000>：57↙
```

例 2：使用拉伸建模的方法，创建图 7-6 的三维模型

（1）绘制截面图形[图 7-11(a)]

（2）创建面域

命令：_region
选择对象：指定对角点：找到 6 个（拾取截面图形）
选择对象：↙
已提取 1 个环。
已创建 1 个面域。

（3）使用拉伸建模创建"L"形三维实体模型[图 7-11(b)]

命令：_extrude
当前线框密度：ISOLINES=4，闭合轮廓创建模式 = 实体
选择要拉伸的对象或 [模式(MO)]：_MO 闭合轮廓创建模式 [实体(SO)/曲面(SU)] <实体>：_SO
选择要拉伸的对象或 [模式(MO)]：指定对角点：找到 1 个（拾取截面图形）
选择要拉伸的对象或 [模式(MO)]：↙
指定拉伸的高度或 [方向(D)/路径(P)/倾斜角(T)/表达式(E)]：36↙

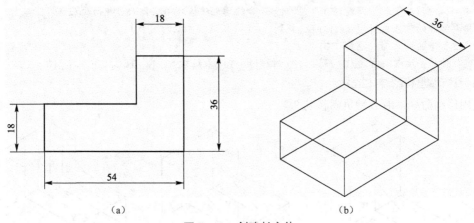

（a）   （b）

图 7-11 创建长方体

（4）调整坐标，绘制楔体截面图形[图 7-12(a)]

① 调整坐标：

当前 UCS 名称：*世界*
指定 UCS 的原点或 [面(F)/命名(NA)/对象(OB)/上一个(P)/视图(V)/世界(W)/X/Y/Z/Z 轴(ZA)] <世界>：
指定新原点 <0,0,0>：<打开对象捕捉>（打开对象捕捉，捕捉 1 点，作为新的坐标原点）
命令：_ucs
当前 UCS 名称：*没有名称*
指定 UCS 的原点或 [面(F)/命名(NA)/对象(OB)/上一个(P)/视图(V)/世界(W)/X/Y/Z/Z 轴(ZA)] <世界>：_x↙
指定绕 X 轴的旋转角度 <90>：<正交 开> 90↙

② 绘制楔体截面图形：

命令：_line 指定第一点：（捕捉 A 点）
指定下一点或 [放弃(U)]：（打开对象捕捉，捕捉 B 点）
指定下一点或 [放弃(U)]：（打开对象捕捉，捕捉 C 点）
指定下一点或 [闭合(C)/放弃(U)]：↙

（5）创建楔体[图 7-12(b)]

① 创建面域：

```
命令：_region↙
选择对象：找到 1 个（拾取 AB 线段）
选择对象：找到 1 个，总计 2 个（拾取 BC 线段）
选择对象：找到 1 个，总计 3 个（拾取 AC 线段）
选择对象：↙
已提取 1 个环。
已创建 1 个面域
```

② 使用拉伸建模创建楔体三维模型：

```
命令：_extrude
当前线框密度：ISOLINES=20，闭合轮廓创建模式 = 实体
选择要拉伸的对象或 [模式(MO)]：_MO 闭合轮廓创建模式 [实体(SO)/曲面(SU)] <实体>：_SO
选择要拉伸的对象或 [模式(MO)]：找到 1 个（拾取楔体截面图形）
选择要拉伸的对象或 [模式(MO)]：↙
指定拉伸的高度或 [方向(D)/路径(P)/倾斜角(T)/表达式(E)] <18.0000>：-18↙
```

（6）移动楔体[图 7-12(c)]

使用移动命令，沿 Z 轴负向移动 9。

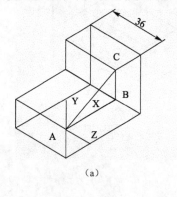 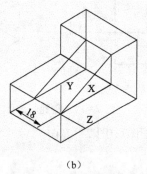 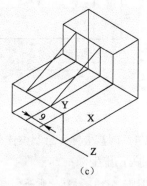

（a）　　　　　（b）　　　　　（c）

图 7-12　创建楔体

消隐后如图 7-6 所示。

另外，拉伸建模命令在操作时还可指定拉伸对象的倾角，输入的拉伸倾角为正，表示从基准开始，对象逐渐变细地拉伸，而角度为负值则表示对象逐渐变粗的拉伸，如图 7-13 所示。

 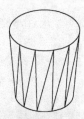

拉伸倾角为5°　　　拉伸倾角为-5°

图 7-13　拉伸倾角

3．利用布尔运算构建实体模型

布尔运算包括并集、差集、交集。

（1）并集操作

将两个或多个实体合并在一起，形成新的单一实体，操作对象既可以是相交的，也可以是分离的。

启动方式

① 命令：union✓

② 下拉菜单：修改 → 实体编辑→并集

③ 面板：功能区面板图标 ⑩

（2）差集操作

将实体构成的一个选择集从另一选择集中减去。操作时，首先选择被减对象，构成第一选择集，然后选择要减去的对象，构成第二选择集，操作结果是第一选择集减去第二选择集后形成新的对象。

启动方式

① 命令：subtract✓

② 下拉菜单：修改 → 实体编辑→差集

③ 面板：功能区面板图标 ⑩

（3）交集操作

可创建由两个或多个实体的重叠部分生成的新实体。

启动方式

① 命令：intersect

② 下拉菜单：修改 → 实体编辑→交集

③ 面板：功能区面板图标 ⑩

下面以差集操作为例，说明布尔运算构建实体模型的操作过程。

例：利用布尔运算，创建图 7-14 所示的三维模型。

```
命令：ISOLINES✓
输入 ISOLINES 的新值 <4>：20✓
```

（1）创建长方体

```
命令：_box
指定第一个角点或 [中心(C)]：(在 XOY 平面内单击任意一点)
指定其他角点或 [立方体(C)/长度(L)]：@100,100,50
```

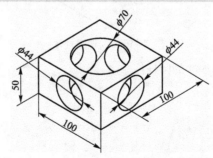

图 7-14　利用布尔运算创建图三维模型

（2）调整坐标系（图7-15）

```
命令：_ucs
当前 UCS 名称：*没有名称*
指定 UCS 的原点或 [面(F)/命名(NA)/对象(OB)/上一个(P)/视图(V)/世界(W)/X/Y/Z/Z 轴
(ZA)] <世界>：
指定新原点 <0,0,0>：（拾取1点作为新原点）
```

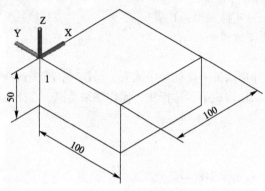

图7-15　创建长方体

（3）创建圆柱体（图7-16）

创建 φ70 的圆柱体。

```
命令：_cylinder
指定底面的中心点或 [三点(3P)/两点(2P)/切点、切点、半径(T)/椭圆(E)]：50↙（从 2 点沿 X
轴正向追踪 50 作为圆心）
指定底面半径或 [直径(D)]：35↙
指定高度或 [两点(2P)/轴端点(A)]：-50↙
```

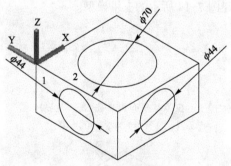

图7-16　创建圆柱体

使用相同的方法创建两个 φ44 的圆柱体。

（4）进行差集操作

```
命令：_subtract
选择要从中减去的实体、曲面和面域...
选择对象：找到 1 个（拾取长方体）
选择对象：↙
```

选择要减去的实体、曲面和面域...
选择对象：找到 1 个（拾取φ70 圆柱体）
选择对象：找到 1 个，总计 2 个（拾取φ44 圆柱体）
选择对象：找到 1 个，总计 3 个（拾取φ44 圆柱体）
选择对象：↙

消隐后结果如图 7-14 所示。

4. 视觉样式

视觉样式用于改变模型在视口中的显示外观，可以设置模型显示方式。AutoCAD 提供 10 种视觉样式，可单击视图功能区面板的"视觉样式"按钮，弹出"视觉样式管理器"对话框，选择所需的显示样式，如图 7-17 所示。

"二维线框"：通过使用直线和曲线表示边界的方式显示对象。

"概念"：着色对象，效果缺乏真实感，但可以清晰地显示模型细节。

"隐藏"：用三维线框表示模型并隐藏不可见线条。

"真实"：对模型表面进行着色，显示已附着于对象的材质。

"着色"：将对象平面着色，着色的表面较光滑。

"带边框着色"：用平滑着色和可见边显示对象。

"灰度"：用平滑着色和单色灰度显示对象。

"勾画"：用线延伸和抖动边修改器显示手绘效果的对象。

"线框"：用直线和曲线表示模型。

"X 射线"：以局部透明度显示对象。

视觉样式的显示效果如图 7-18 所示。

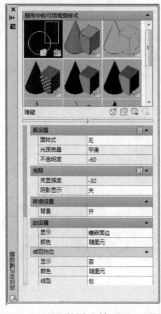

图 7-17　视觉样式管理器对话框

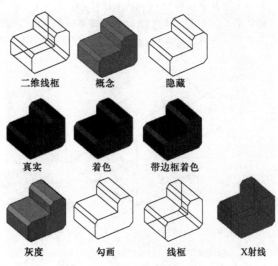

图 7-18　视觉样式的显示效果

任务实现——创建如图 7-1 所示几何形体的三维实体模型

1. 新建一个 CAD 文件

单击视图功能区面板的"西南等轴测"图标，将视点转换为西南视点。

```
命令：_-view
输入选项 [?/删除(D)/正交(O)/恢复(R)/保存(S)/设置(E)/窗口(W)]：_swiso 正在重生成模型。(将视点转换为西南视点)
```

2. 修改线框密度为 20

```
命令：ISOLINES
输入 ISOLINES 的新值 <4>：20✓
```

3. 创建底板实体模型

（1）创建长方体[图 7-19（a）]

在原点处创建一个长为"28"、宽为"42"、高为"10"的长方体。

```
命令：_box
指定第一个角点或 [中心(C)]：0,0,0✓
指定其他角点或 [立方体(C)/长度(L)]：28,42,10✓
```

（2）创建圆柱体[图 7-19（b）]

```
命令：_cylinder
指定底面的中心点或 [三点(3P)/两点(2P)/切点、切点、半径(T)/椭圆(E)]：10,10,0✓
指定底面半径或 [直径(D)] <6.0000>：6✓
指定高度或 [两点(2P)/轴端点(A)] <10.0000>：10✓
命令：_copy
选择对象：找到 1 个 (选取圆柱体)
选择对象：✓
当前设置：复制模式 = 多个
指定基点或 [位移(D)/模式(O)] <位移>：(拾取圆柱体顶面圆心)
指定第二个点或 [阵列(A)] <使用第一个点作为位移>：<对象捕捉 关> 22✓ (沿 Y 正向移动 22mm)
指定第二个点或 [阵列(A)/退出(E)/放弃(U)] <退出>：✓
```

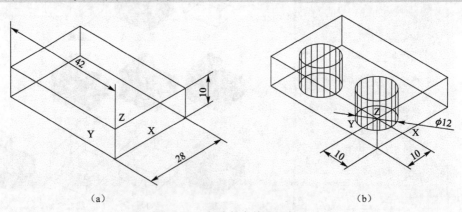

(a)   (b)

图 7-19 创建长方体和圆柱体

（3）进行差集操作（图 7-20）

从长方体中减去两个小圆柱体。

```
命令：_subtract
选择要从中减去的实体、曲面和面域...
选择对象：找到 1 个（选取长方体）
选择对象：↙
选择要减去的实体、曲面和面域...
选择对象：找到 1 个（选取圆柱体）
选择对象：找到 1 个，总计 2 个（选取圆柱体）
选择对象：↙
```

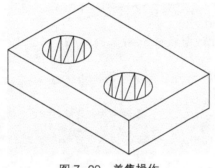

图 7-20　差集操作

4. 创建 "L" 型板实体模型

（1）单击视图功能区面板的 "前视" 图标，将视点转换为前视视点

```
命令：_-view
输入选项 [?/删除(D)/正交(O)/恢复(R)/保存(S)/设置(E)/窗口(W)]：_front 正在重生成模型。
```

（2）绘制 "L" 型板的截面图形，并将其创建成面域[图 7-21（a）]。

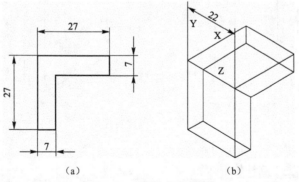

（a）　　　　　　　　　　　（b）

图 7-21　创建 "L" 型板

（3）拉伸截面，形成 "L" 型板实体模型，其操作过程如下[图 7-21（b）]。

```
命令：_extrude
当前线框密度：ISOLINES=20，闭合轮廓创建模式 = 实体
选择要拉伸的对象或 [模式(MO)]：_MO 闭合轮廓创建模式 [实体(SO)/曲面(SU)] <实体>：_SO↙
```

选择要拉伸的对象或 [模式(MO)]：找到 1 个（选取截面）

选择要拉伸的对象或 [模式(MO)]：✓

指定拉伸的高度或 [方向(D)/路径(P)/倾斜角(T)/表达式(E)] <20.0000>：22✓（沿 Z 正向拉伸22mm）

（4）创建圆柱孔

① 调整坐标系。

命令：_ucs

当前 UCS 名称：*没有名称*

指定 UCS 的原点或 [面(F)/命名(NA)/对象(OB)/上一个(P)/视图(V)/世界(W)/X/Y/Z/Z 轴 (ZA)] <世界>：_o✓

指定新原点 <0,0,0>：（拾取1点）

命令：_ucs

当前 UCS 名称：*没有名称*

指定 UCS 的原点或 [面(F)/命名(NA)/对象(OB)/上一个(P)/视图(V)/世界(W)/X/Y/Z/Z 轴 (ZA)] <世界>：_x✓

指定绕 X 轴的旋转角度 <90>：✓

② 创建圆柱体[图 7-22（a）]。

命令：_cylinder

指定底面的中心点或 [三点(3P)/两点(2P)/切点、切点、半径(T)/椭圆(E)]：11✓（从2点起沿 Y 轴负向移动11mm）

指定底面半径或 [直径(D)] <11.0000>：6✓

指定高度或 [两点(2P)/轴端点(A)] <-7.0000>：-7✓

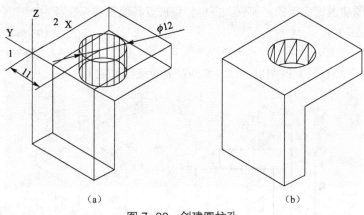

（a）　　　　　　　　　　　（b）

图 7-22　创建圆柱孔

③ 进行差集操作[图 7-22（b）]。

从"L"型板中减去小圆柱体。

命令：_subtract 选择要从中减去的实体、曲面和面域...

选择对象：找到 1 个✓（选取"L"型板）

选择对象：✓

选择要减去的实体、曲面和面域...

选择对象：找到 1 个✓（选取圆柱体）

选择对象：✓

（5）使用"MOVE"命令将"L"型板安装在底板上（图 7-23 和图 7-24）（采用线框显示：视图→视觉样式→线框）

命令：_move
选择对象：指定对角点：找到 1 个（拾取"L"型板）
选择对象：↙

指定基点或 [位移(D)] <位移>：（拾取中点 3 点）
指定第二个点或 <使用第一个点作为位移>：（拾取中点 4 点）

消隐后效果如图 7-24 所示。

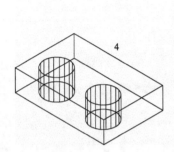
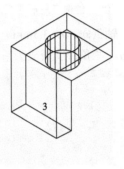
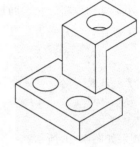

图 7-23　安装"L"型板的对应点　　　　图 7-24　消隐后效果

（6）创建三角形肋板

① 调整坐标系。

② 绘制三角形肋板的截面图形，并将其创建成面域[图 7-25（a）]。

命令：_line
指定第一点：（拾取中点 5 点）
指定下一点或 [放弃(U)]：（拾取中点 6 点）
指定下一点或 [闭合(C)/放弃(U)]：（拾取中点 7 点）
指定下一点或 [闭合(C)/放弃(U)]：C↙
命令：_region
选择对象：找到 1 个（拾取线段）
选择对象：找到 1 个，总计 2 个（拾取线段）
选择对象：找到 1 个，总计 3 个（拾取线段）
选择对象：↙

③ 拉伸截面，形成三角形肋板实体模型[图 7-25（b）]。

命令：_extrude
当前线框密度：ISOLINES=20，闭合轮廓创建模式 = 实体
选择要拉伸的对象或 [模式(MO)]：_MO 闭合轮廓创建模式 [实体(SO)/曲面(SU)] <实体>：_SO↙
选择要拉伸的对象或 [模式(MO)]：找到 1 个（拾取三角形肋板的截面图形）
选择要拉伸的对象或 [模式(MO)]：↙
指定拉伸的高度或 [方向(D)/路径(P)/倾斜角(T)/表达式(E)] <-7.0000>：7↙（沿 Z 正向拉伸 7mm）

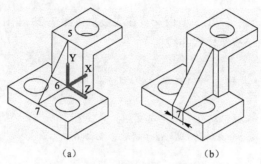

图7-25　创建三角形筋板

④ 使用移动命令将三角形筋板沿 Z 轴负向移动 3.5mm。

⑤ 并集操作，合并底板、"L" 型板、三角形肋板成为单一实体。

```
命令：_union
选择对象：找到 1 个（拾取底板）
选择对象：找到 1 个，总计 2 个（拾取三角形肋板）
选择对象：找到 1 个，总计 3 个（拾取 "L" 型板）
选择对象：✓
```

最终效果如图 7-26 所示。

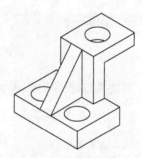

图7-26　最终效果图

课后练习

创建图 7-27 所示的三维实体模型。

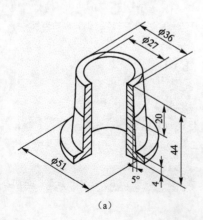

图7-27　创建三维实体模型

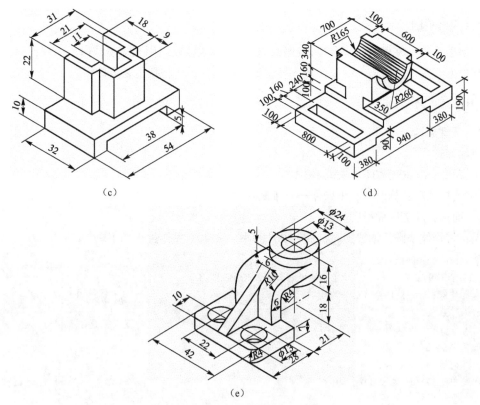

（c）　　　　　　　　　　　　　　　　（d）

（e）

图 7-27　创建三维实体模型（续）

任务 2　创建常用家具的三维模型

任务描述

　　本任务创建的三人组合沙发，如图 7-28 所示，包括两个单人沙发和一个三人沙发。主要用到的命令有：拉伸建模命令、三维旋转命令、三维镜像命令及圆角边命令等。

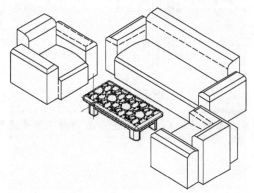

图 7-28　三人组合沙发三维模型

任务分析

创建思路为：首先创建一个单人沙发，另一个单人沙发可用三维镜像命令得到；三人沙发可先复制单人沙发，然后移去一个扶手，复制坐垫和靠背，再将扶手装上即可。

相关知识

1. 三维旋转

启动方式

① 命令：3DROTATE↙ 或 3R↙

② 下拉菜单：修改→三维操作→三维旋转

③ 面板：功能区面板图标⊕

例：将物体绕圆柱轴线逆时针旋转90°（图7-29），操作过程如下。

```
命令：_3drotate
UCS 当前的正角方向： ANGDIR=逆时针  ANGBASE=0
选择对象：找到 1 个（拾取物体）
选择对象：↙
指定基点：（拾取圆柱底面圆心）
正在检查 903 个交点...
拾取旋转轴：（拾取 Z 轴）
指定角的起点或键入角度：90↙
正在重生成模型。
```

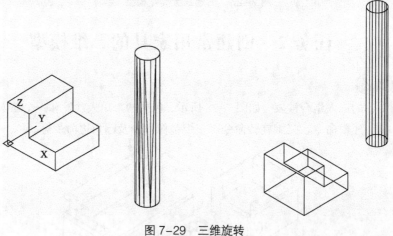

图7-29 三维旋转

> 💡 提示：三维旋转与二维旋转一样，方向正负由"右手螺旋法则"确定。

2. 三维阵列

启动方式

① 命令：3DARRAY↙

② 下拉菜单：修改→三维操作→三维阵列

③ 面板：功能区面板图标🞮

例：创建圣诞树（图 7-30），操作过程如下。

```
命令：_3darray
选择对象：指定对角点：找到 1 个（拾取平面图形）
选择对象：↙
输入阵列类型 [矩形(R)/环形(P)] <矩形>：P↙
输入阵列中的项目数目：8↙
指定要填充的角度 (+=逆时针，-=顺时针) <360>：↙
旋转阵列对象？ [是(Y)/否(N)] <Y>：↙
指定阵列的中心点：（拾取底边中心 1 点）
指定旋转轴上的第二点：（拾取顶点 2）
```

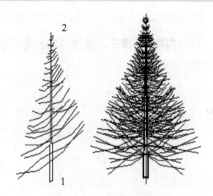

图 7-30 创建圣诞树

> 💡 **提示**：此例为环形阵列实例，三维阵列命令是二维阵列命令的 3D 版本。通过该命令，用户可以在三维空间中创建对象的矩形阵列和环形阵列。

3. 三维镜像

启动方式

① 命令：MIRROR3D↙

② 下拉菜单：修改→三维操作→三维镜像

③ 面板：功能区面板图标🞮

例：将床头柜镜像到床的另一侧（图 7-31）。

```
命令：_mirror3d
选择对象：找到 1 个（拾取床头柜）
选择对象：↙
指定镜像平面 (三点) 的第一个点或
[对象(O)/最近的(L)/Z 轴(Z)/视图(V)/XY 平面(XY)/YZ 平面(YZ)/ZX 平面(ZX)/三点(3)] <
三点>：（拾取中点 1 点）
在镜像平面上指定第二点：（拾取中点 2 点）
在镜像平面上指定第三点：（拾取中点 3 点）
是否删除源对象？[是(Y)/否(N)] <否>：↙
```

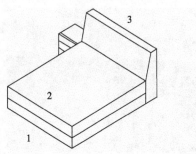
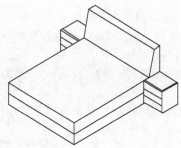

图 7-31　镜像床头柜

> 💡 **提示：** 使用二维镜像命令时，以镜像线为对称镜像对象；三维镜像命令是以镜像面为对称面镜像对象。

🎯任务实现 —— 制作常用家具—创建三人组合沙发三维模型（图 7-28）

1．创建一个新文件

（略）

2．切换到西南轴测视图

单击视图功能区面板的"西南等轴测"图标，将视点转换为西南视点。

制作常用家具　　家具效果渲染

3．创建单人沙发

（1）创建坐垫

① 创建坐垫下半部分实体模型（长方体）[图 7-32（a）]。

```
命令：_box
指定第一个角点或 [中心(C)]：0,0,0↙
指定其他角点或 [立方体(C)/长度(L)]：700,600,200↙
```

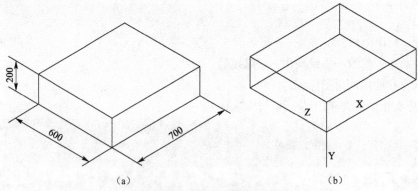

（a）　　　　　　　　　　　　　　（b）

图 7-32　创建坐垫下半部分

② 调整坐标系至如图 7-32（b）所示位置。

```
命令：_ucs
当前 UCS 名称：*没有名称*
指定 UCS 的原点或 [面(F)/命名(NA)/对象(OB)/上一个(P)/视图(V)/世界(W)/X/Y/Z/Z 轴
```

(ZA)]〈世界〉: _x↙

指定绕 X 轴的旋转角度 <90>:↙

③ 创建坐垫上半部分实体模型。

a. 在 xoy 平面绘制轮廓形状（图 7-33）。

命令: _circle

指定圆的圆心或 [三点(3P)/两点(2P)/切点、切点、半径(T)]:（在 XOY 平面内拾取一点）

指定圆的半径或 [直径(D)]: 1250↙

命令: _line 指定第一点: <对象捕捉追踪 开> 200↙（从圆的象限点 1 沿 Y 轴正向追踪 200mm，得到 2 点）

指定下一点或 [放弃(U)]: 350↙（得到 3 点）

指定下一点或 [放弃(U)]:（打开对象追踪，捕捉于圆周的交点，得到 4 点）

指定下一点或 [闭合(C)/放弃(U)]:↙

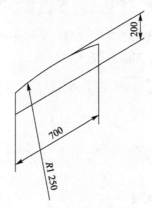

图 7-33 创建坐垫截面图

如图 7-34 所示。

命令: _mirror

选择对象: 指定对角点: 找到 2 个（拾取刚绘制的两条线段）

选择对象:↙

指定镜像线的第一点:（拾取 1 点）

指定镜像线的第二点:（拾取 2 点）

要删除源对象吗? [是(Y)/否(N)] <N>:↙

如图 7-35 所示。

令: _trim↙

视图与 UCS 不平行。命令的结果可能不明显。

当前设置:投影=UCS, 边=无

选择剪切边...

选择对象或 <全部选择>:↙

选择要修剪的对象，或按住 Shift 键选择要延伸的对象，或

[栏选(F)/窗交(C)/投影(P)/边(E)/删除(R)/放弃(U)]: 指定对角点:（拾取所要修剪的圆弧）

选择要修剪的对象，或按住 Shift 键选择要延伸的对象，或

[栏选(F)/窗交(C)/投影(P)/边(E)/删除(R)/放弃(U)]:↙

修剪结果如图 7-33 所示。

b. 创建面域。

```
命令：_region
选择对象：指定对角点：找到 5 个（拾取截面封闭线框）
选择对象：✓
已提取 1 个环。
已创建 1 个面域
```

c. 拉伸面域，形成坐垫上半部分实体模型。

```
命令：_extrude
当前线框密度：ISOLINES=4，闭合轮廓创建模式 = 实体
选择要拉伸的对象或 [模式(MO)]：_MO 闭合轮廓创建模式 [实体(SO)/曲面(SU)] <实体>：_SO✓
选择要拉伸的对象或 [模式(MO)]：找到 1 个（拾取截面图形）
选择要拉伸的对象或 [模式(MO)]：✓
指定拉伸的高度或 [方向(D)/路径(P)/倾斜角(T)/表达式(E)] <200.0000>：600✓
```

使用移动命令将上下两部分移至如图 7-36 所示位置。

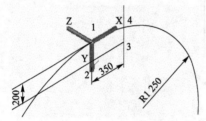

图 7-34　创建坐垫截面图

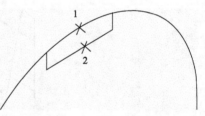

图 7-35　创建坐垫截面图

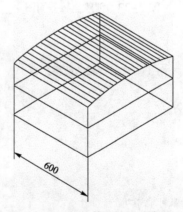

图 7-36　拉伸截面图生成实体

（2）创建靠背

调整坐标系至如图 7-37（a）所示。

```
命令：_box✓
指定第一个角点或 [中心(C)]：（在 XOY 平面内拾取一点）
指定其他角点或 [立方体(C)/长度(L)]：L✓
指定长度：250✓
```

指定宽度: 600↙
指定高度或 [两点(2P)] <600.0000>: 800↙

将靠背和坐垫安装在一起, 结果如图 7-37 (b) 所示。

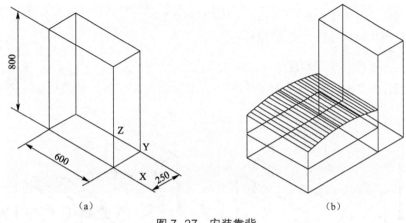

图 7-37　安装靠背

（3）创建沙发扶手（图 7-38）

使用长方体命令创建沙发扶手。并将扶手按图 7-39 的位置尺寸与坐垫安装在一起。

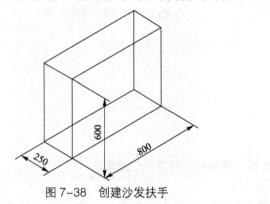

图 7-38　创建沙发扶手

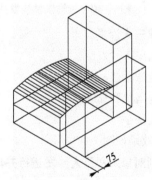

图 7-39　安装沙发扶手

（4）使用三维镜像命令将扶手镜像, 镜像面为靠背和坐垫的对称面

命令: _mirror3d
选择对象: 找到 1 个（拾取扶手）
选择对象:↙
指定镜像平面 (三点) 的第一个点或[对象(O)/最近的(L)/Z 轴(Z)/视图(V)/XY 平面(XY)/YZ 平面(YZ)/ZX 平面(ZX)/三点(3)] <三点>: （拾取中点 1）
在镜像平面上指定第二点: （拾取中点 2）
在镜像平面上指定第三点: （拾取中点 3）
是否删除源对象? [是(Y)/否(N)] <否>:↙

消隐后效果如图 7-40 所示。

（5）制作圆角

① 制作靠背圆角（R=150）

```
命令: _filletedge
半径 = 1.0000
选择边或 [链(C)/环(L)/半径(R)]: R↙
输入圆角半径或 [表达式(E)] <1.0000>: 150↙
选择边或 [链(C)/环(L)/半径(R)]: (拾取靠背上的边)
选择边或 [链(C)/环(L)/半径(R)]: ↙
已选定 1 个边用于圆角。
按 Enter 键接受圆角或 [半径(R)]: ↙
```

② 使用同样的方法，制作坐垫圆角（R=50）、扶手圆角（R=50）。消隐后效果如图 7-41 所示。

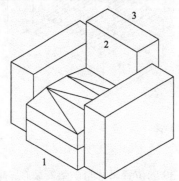

图 7-40 三维镜像沙发扶手

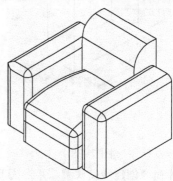

图 7-41 制作圆角

4. 创建三人沙发

① 复制单人沙发。

② 移走扶手。

③ 复制坐垫和靠背。

④ 安装扶手。

消隐后效果如图 7-42 所示。

5. 分别对单人和三人沙发进行并集操作，使其分别形成一个整体

```
命令: _union
选择对象: 指定对角点: 找到 5 个（拾取单人沙发各个组成部分）
选择对象: ↙
命令: _union
选择对象: 指定对角点: 找到 11 个（拾取三人沙发各个组成部分）
选择对象: ↙
```

6. 摆放单人沙发和三人沙发

（1）使用三维旋转命令，将单人沙发摆放成图 7-42 所示的角度

（2）调整沙发位置

① 首先使两个沙发的底面均在 XOY 平面上，再使用移动命令，将两个沙发相邻的扶手底面角点移至重合，如图 7-42 所示。

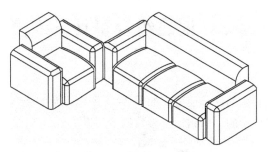

图 7-42 创建三人沙发

② 再打开正交开关，使用移动命令，调整到适宜的相对位置，如图 7-43 所示。

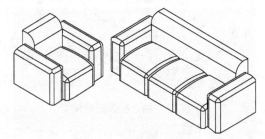

图 7-43 调整相对位置

7. 镜像单人沙发

命令：_mirror3d
选择对象：找到 1 个（拾取单人沙发）
选择对象：↙
指定镜像平面（三点）的第一个点或 [对象(O)/最近的(L)/Z 轴(Z)/视图(V)/XY 平面(XY)/YZ 平面(YZ)/ZX 平面(ZX)/三点(3)] <三点>：（拾取中点 1）
<打开对象捕捉> 在镜像平面上指定第二点：（拾取中点 2）
在镜像平面上指定第三点：（拾取中点 3）
是否删除源对象？[是(Y)/否(N)] <否>：↙

最终效果如图 7-44 所示。

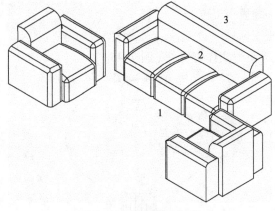

图 7-44 镜像单人沙发

任务3 创建组合餐具三维模型

任务描述

本任务通过创建组合餐具的三维模型，如图 7-45 所示，掌握旋转建模创建三维实体的方法、抽壳命令的用法及拉伸建模中的"倾斜角"参数的使用方法。

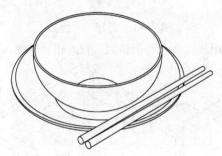

图 7-45 组合餐具三维模型

任务分析

组合餐具是由碟子、碗、筷子组成。任务中的碟子和碗的成型，主要会用到旋转建模命令及抽壳命令，筷子是以拉伸建模的方法成型，其中涉及"倾斜角"参数的使用。

相关知识

1. 旋转建模

该命令可以旋转二维对象生成三维实体，若二维对象是闭合的，则生成实体，否则生成曲面。操作时，可通过选择直线、指定两点或 x、y、z 轴等来确定旋转轴。

启动方式

① 命令：REVOLVE✓

② 下拉菜单：绘图→建模→旋转

③ 面板：功能区面板图标

例：利用旋转建模创建灯笼实体模型（见图 7-46）。

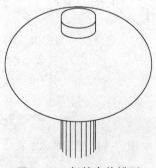

图 7-46 灯笼实体模型

（1）绘制平面图[图 7-47（a）]

（2）修剪平面图形，得到灯笼的截面图形[图 7-47（b）]

（3）创建面域

命令：_region
选择对象：指定对角点：找到 6 个（选取所绘制的封闭线框）
选择对象：↙
已提取 1 个环。
已创建 1 个面域。

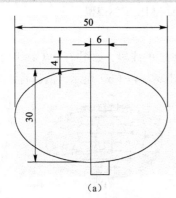

（a）

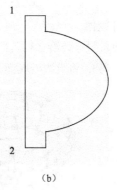

（b）

图 7-47　绘制灯笼截面图形

（4）设置线框密度值

命令：ISOLINES↙
输入 ISOLINES 的新值 <4>：14↙

（5）旋转建模

命令：_revolve
当前线框密度：ISOLINES=14，闭合轮廓创建模式 = 实体
选择要旋转的对象或 [模式(MO)]：_MO 闭合轮廓创建模式 [实体(SO)/曲面(SU)] <实体>：_SO
选择要旋转的对象或 [模式(MO)]：找到 1 个（拾取截面图形）
选择要旋转的对象或 [模式(MO)]：↙
指定轴起点或根据以下选项之一定义轴 [对象(O)/X/Y/Z] <对象>：[拾取 7-47（b）图的 1 点]
指定轴端点：[拾取 7-47（b）图的 2 点]
指定旋转角度或 [起点角度(ST)/反转(R)/表达式(EX)] <360>：↙

模型效果如图 7-48（a）所示。

（6）三维旋转[图 7-48（b）]

命令：_3drotate
UCS 当前的正角方向：ANGDIR=逆时针　ANGBASE=0
选择对象：找到 1 个（拾取灯笼实体）
选择对象：↙
指定基点：（拾取实体上任意一点）
拾取旋转轴：（拾取相应的轴作为旋转轴）
指定角的起点或键入角度：90↙

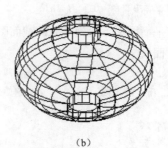

（a）　　　　　　　　　　　　　（b）
图 7-48　利用旋转建模创建灯笼实体模型

（7）制作灯笼穗

在灯笼底面象限点处沿 Z 轴负向绘制一条长度为 15 的线段，如图 7-49（a）所示。利用三维阵列命令（环形阵列），将直线沿底面圆周阵列，得到图形 7-49（b）所示，消隐后如图 7-46 所示。

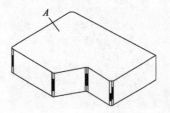
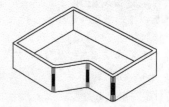

（a）　　　　　　　　　　　　　（b）
图 7-49　制作灯笼穗

2．抽壳

利用抽壳命令可将一个实心体模型创建成一个空心的薄壳体。使用抽壳命令，需指定壳体的厚度，指定的厚度值为正，在实体内部创建新面，否则，在实体的外部创建新面。另外，在抽壳操作过程中还能将实体的某些面去除，以形成薄壳体的开口，如图 7-50 所示，把实体进行抽壳并去除顶面的效果。

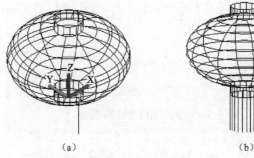

图 7-50　抽壳

启动方式

① 命令：SOLIDEDIT↙

② 下拉菜单：修改→实体编辑→抽壳

③ 面板：功能区面板图标 ▣

下面以创建花瓶为例加以说明。

例：利用抽壳命令创建花瓶实体模型（图 7-51）。

（1）绘制截面平面图（图 7-52）

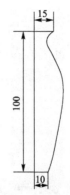

图 7-51　花瓶实体模型　　　　图 7-52　花瓶截面平面图

（2）创建面域

命令：_region
选择对象：指定对角点：找到 4 个（选取所绘制的封闭线框）
选择对象：✓
已提取 1 个环。
已创建 1 个面域。

（3）设置线框密度值

命令：ISOLINES✓
输入 ISOLINES 的新值 <4>：14✓

（4）旋转建模

命令：_revolve
当前线框密度：ISOLINES=14，闭合轮廓创建模式 = 实体
选择要旋转的对象或 [模式(MO)]：_MO 闭合轮廓创建模式 [实体(SO)/曲面(SU)] <实体>：_SO
选择要旋转的对象或 [模式(MO)]：找到 1 个（拾取截面图形）
选择要旋转的对象或 [模式(MO)]：✓
指定轴起点或根据以下选项之一定义轴 [对象(O)/X/Y/Z] <对象>：（拾取图 7-52 中的 1 点）
指定轴端点：（拾取图 7-52 中的 2 点）
指定旋转角度或 [起点角度(ST)/反转(R)/表达式(EX)] <360>：✓

模型效果如图 7-53 所示。

（5）三维旋转（图 7-54）

命令：_3drotate✓
UCS 当前的正角方向：ANGDIR=逆时针　ANGBASE=0
选择对象：找到 1 个（拾取花瓶）
选择对象：✓
指定基点：（拾取实体上任意一点）
拾取旋转轴：（拾取相应的轴作为旋转轴）
指定角的起点或键入角度：90✓

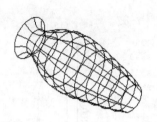

图 7-53 旋转建模创建花瓶实体模型　　　　图 7-54 三维旋转

（6）抽壳

```
命令：_solidedit
实体编辑自动检查：SOLIDCHECK=1
输入实体编辑选项 [面(F)/边(E)/体(B)/放弃(U)/退出(X)] <退出>：_body（拾取实体）
输入体编辑选项
[压印(I)/分割实体(P)/抽壳(S)/清除(L)/检查(C)/放弃(U)/退出(X)] <退出>：_shell
选择三维实体：（拾取花瓶实体）
删除面或 [放弃(U)/添加(A)/全部(ALL)]：找到一个面，已删除 1 个（选取上表面）
删除面或 [放弃(U)/添加(A)/全部(ALL)]：↙
输入抽壳偏移距离：5↙（花瓶的壁厚值为5）
```

图 7-55 为抽壳后线框效果，如赋予材质效果更佳。

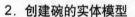 **任务实现** ——创建组合餐具三维模型（图 7-45）

1. 新建一个 CAD 文件，切换到西南轴测视图
单击视图功能区面板的"西南等轴测"图标，将视点转换为西南视点。

创建组合餐具

2. 创建碗的实体模型
（1）在 *xoy* 平面绘制平面图（图 7-56）
使用直线命令和样条曲线命令绘制轮廓线，样条曲线部分可自由设计。

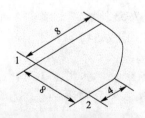

图 7-55 抽壳　　　　　　图 7-56 碗平面图

（2）创建面域
（3）旋转建模生成实体模型 [图 7-57（a）]

```
命令：ISOLINES↙
输入 ISOLINES 的新值 <4>：20↙
命令：_revolve
当前线框密度：ISOLINES=20，闭合轮廓创建模式 = 实体
选择要旋转的对象或 [模式(MO)]：_MO 闭合轮廓创建模式 [实体(SO)/曲面(SU)] <实体>：_SO↙
选择要旋转的对象或 [模式(MO)]：找到 1 个（拾取面域）
选择要旋转的对象或 [模式(MO)]：↙
指定轴起点或根据以下选项之一定义轴 [对象(O)/X/Y/Z] <对象>：（拾取图 7-56 中的 1 点）
指定轴端点：（拾取图 7-56 中的 2 点）
指定旋转角度或 [起点角度(ST)/反转(R)/表达式(EX)] <360>：↙
```

（4）使用三维旋转命令将实体模型旋转 90°[图 7-57（b）]

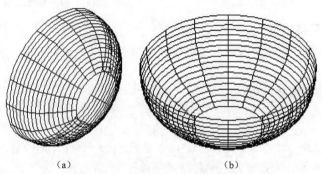

（a）　　　　　　　　　　（b）

图 7-57　旋转建模生成实体模型

（5）抽壳形成碗的实体模型

```
命令：_solidedit
实体编辑自动检查：SOLIDCHECK=1
输入实体编辑选项 [面(F)/边(E)/体(B)/放弃(U)/退出(X)] <退出>：_body
输入体编辑选项
[压印(I)/分割实体(P)/抽壳(S)/清除(L)/检查(C)/放弃(U)/退出(X)] <退出>：_shell
选择三维实体：（选择碗的实体模型）
删除面或 [放弃(U)/添加(A)/全部(ALL)]：找到一个面，已删除 1 个（选择上表面）
删除面或 [放弃(U)/添加(A)/全部(ALL)]：↙
输入抽壳偏移距离：2↙（碗的壁厚值为 2）
```

消隐后效果如图 7-58 所示。

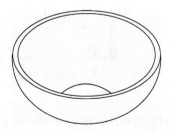

图 7-58　抽壳形成碗的实体模型

3．创建碟子的实体模型

创建方法同上，相关尺寸如图 7-59 所示，效果如图 7-60 所示。

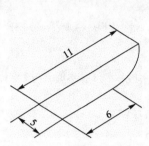

图 7-59　碟子平面图

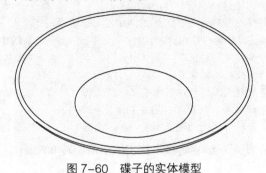

图 7-60　碟子的实体模型

4．创建筷子的实体模型

（1）绘制 $\phi 4$ 的圆

（2）拉伸建模

拉伸圆截面，倾斜角度为 0.5°。

```
命令：_extrude
当前线框密度：ISOLINES=20，闭合轮廓创建模式 = 实体
选择要拉伸的对象或 [模式(MO)]：_MO 闭合轮廓创建模式 [实体(SO)/曲面(SU)] <实体>：_SO
选择要拉伸的对象或 [模式(MO)]：找到 1 个（拾取圆截面）
选择要拉伸的对象或 [模式(MO)]：✓
指定拉伸的高度或 [方向(D)/路径(P)/倾斜角(T)/表达式(E)]：T✓
指定拉伸的倾斜角度或 [表达式(E)] <0>：0.5✓
指定拉伸的高度或 [方向(D)/路径(P)/倾斜角(T)/表达式(E)]：22✓
```

消隐后效果如图 7-61 所示。

图 7-61　筷子的实体模型

5．调整餐具位置

① 调整碗和碟子的位置。使用移动命令，使碗的下表面圆心与碟子的上表面圆心重合。

② 利用三维旋转命令将筷子旋转 90°，移至碟子之上。

最终效果如图 7-45 所示。

任务 4　创建户型三维模型

任务描述

本任务主要利用多段体命令创建墙体，如图 7-62 所示，进而创建户型三维模型，同时还涉及窗户、门等实体模型的创建，以及室内陈设的摆放，形成一个完整的室内模型效果。

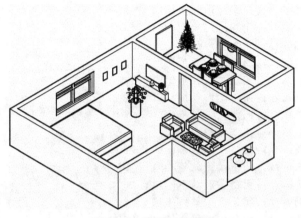

图 7-62　户型三维模型

任务分析

创建墙体主要使用多段体命令，创建门洞、窗洞以及创建窗户、门的实体主要使用长方体命令及差集操作。

相关知识

多段体命令可以用来快速地创建墙体，看起来像是由矩形薄板及圆弧形薄板组成，板的高度和厚度可以设定。

启动方式

① 命令：POLYSOLID↙

② 下拉菜单：绘图→建模→多段体

③ 面板：功能区面板图标⬚

例：使用多段体命令创建如图 7-63 所示的墙体，墙体高度为 3000 mm，墙体厚度为 240 mm。操作步骤如下：

```
命令: _polysolid 高度 = 80.0000, 宽度 = 5.0000, 对正 = 居中
指定起点或 [对象(O)/高度(H)/宽度(W)/对正(J)] <对象>: H↙
指定高度 <80.0000>: 3000↙
高度 = 3000.0000, 宽度 = 5.0000, 对正 = 居中
指定起点或 [对象(O)/高度(H)/宽度(W)/对正(J)] <对象>: W↙
指定宽度 <5.0000>: 240↙
高度 = 3000.0000, 宽度 = 240.0000, 对正 = 居中
```

指定起点或 [对象(O)/高度(H)/宽度(W)/对正(J)] <对象>： <正交 开>(拾取 XOY 面内任意一点)
指定下一个点或 [圆弧(A)/放弃(U)]：7240↙
定下一个点或 [圆弧(A)/放弃(U)]：1800↙
指定下一个点或 [圆弧(A)/闭合(C)/放弃(U)]：1800↙
指定下一个点或 [圆弧(A)/闭合(C)/放弃(U)]：1800↙
指定下一个点或 [圆弧(A)/闭合(C)/放弃(U)]：1800↙
指定下一个点或 [圆弧(A)/闭合(C)/放弃(U)]：1800↙
指定下一个点或 [圆弧(A)/闭合(C)/放弃(U)]：1800↙
指定下一个点或 [圆弧(A)/闭合(C)/放弃(U)]：1800↙
指定下一个点或 [圆弧(A)/闭合(C)/放弃(U)]：1800↙
指定下一个点或 [圆弧(A)/闭合(C)/放弃(U)]：1800↙
指定下一个点或 [圆弧(A)/闭合(C)/放弃(U)]：1800↙
指定下一个点或 [圆弧(A)/闭合(C)/放弃(U)]：7240↙
指定下一个点或 [圆弧(A)/闭合(C)/放弃(U)]：12000↙
指定下一个点或 [圆弧(A)/闭合(C)/放弃(U)]：7240↙
指定下一个点或 [圆弧(A)/闭合(C)/放弃(U)]：1800↙
指定下一个点或 [圆弧(A)/闭合(C)/放弃(U)]：1800↙
指定下一个点或 [圆弧(A)/闭合(C)/放弃(U)]：1800↙
指定下一个点或 [圆弧(A)/闭合(C)/放弃(U)]：5400↙
指定下一个点或 [圆弧(A)/闭合(C)/放弃(U)]：1800↙
指定下一个点或 [圆弧(A)/闭合(C)/放弃(U)]：1800↙
指定下一个点或 [圆弧(A)/闭合(C)/放弃(U)]：1800↙
指定下一个点或 [圆弧(A)/闭合(C)/放弃(U)]：7240↙
指定下一个点或 [圆弧(A)/闭合(C)/放弃(U)]：C↙

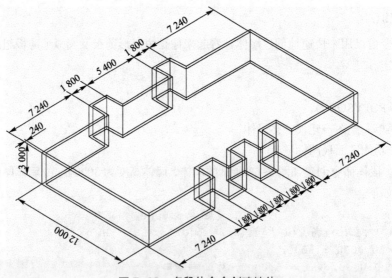

图 7-63　多段体命令创建墙体

命令中常用选项的含义：

① 对象：将直线、圆弧、圆等二维线段转化为实体。如图 7-64 所示，图 7-64（a）的转化

对象为直线、图 7-64（b）的转化对象为圆、图 7-64（c）的转化对象为圆弧、图 7-64（d）的转化对象为样条线。高度均为 80，宽度均为 20。

② 高度：设定多段体沿当前坐标系 z 轴的高度。

③ 宽度：指定多段体宽度。

④ 对正：设定起点的光标在多段体宽度方向的位置。如图 7-65 所示，是以矩形为参考对象，绘制多段体时，对正方式分别为左对正、居中、右对正的区别。

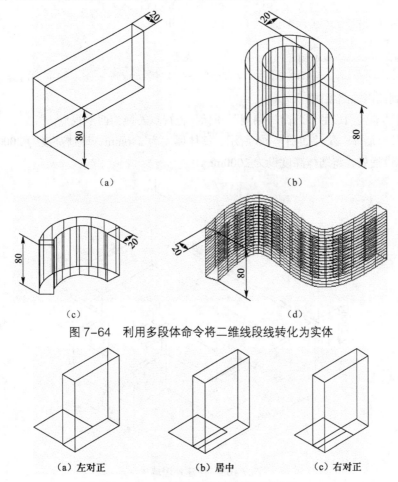

图 7-64 利用多段体命令将二维线段线转化为实体

（a）左对正   （b）居中   （c）右对正

图 7-65 多段体命令的三种对正方式

任务实现 ——创建户型三维模型（图 7-62）

1. 创建墙体模型

① 创建一个新图形。

② 创建以下图层。

名称	颜色	线型	线宽
墙体	白色	Continuous	默认

创建户型三维模型

119

| 门窗 | 黄色 | Continuous | 默认 |
| 室内陈设 | 蓝色 | Continuous | 默认 |

当创建不同的对象时，应切换到相应图层。

③ 设定绘图区域的大小为 20000×20000。

```
命令：_limits
重新设置模型空间界限：
指定左下角点或 [开(ON)/关(OFF)] <0.0000,0.0000>：↙
指定右上角点 <420.0000,297.0000>：20000,20000↙
命令：zoom
指定窗口的角点，输入比例因子 (nX 或 nXP)，或者
[全部(A)/中心(C)/动态(D)/范围(E)/上一个(P)/比例(S)/窗口(W)/对象(O)] <实时>：a↙
```

④ 切换到西南轴测视图。

单击视图功能区面板的"西南等轴测"图标，将视点转换为西南视点。

⑤ 创建外墙墙体，尺寸如图 7-66 所示，墙体厚度为 240mm，墙体高度为 2000mm（为了便于观察室内陈设摆放，将墙体高度设为 2000mm）。

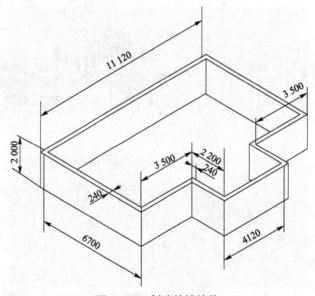

图 7-66 创建外墙墙体

```
命令：_Polysolid
高度 = 80.0000，宽度 = 5.0000，对正 = 居中
指定起点或 [对象(O)/高度(H)/宽度(W)/对正(J)] <对象>：J↙
输入对正方式 [左对正(L)/居中(C)/右对正(R)] <居中>：C↙
高度 = 80.0000，宽度 = 5.0000，对正 = 居中
指定起点或 [对象(O)/高度(H)/宽度(W)/对正(J)] <对象>：H↙
指定高度 <80.0000>：2000↙
高度 = 2000.0000，宽度 = 5.0000，对正 = 居中
指定起点或 [对象(O)/高度(H)/宽度(W)/对正(J)] <对象>：W↙
```

```
指定宽度 <5.0000>: 240↙
高度 = 2000.0000, 宽度 = 240.0000, 对正 = 居中
指定起点或 [对象(O)/高度(H)/宽度(W)/对正(J)] <对象>: (在 XOY 平面内拾取一点)
指定下一个点或 [圆弧(A)/放弃(U)]:  <正交 开> 6700↙
指定下一个点或 [圆弧(A)/放弃(U)]: 3500↙
指定下一个点或 [圆弧(A)/闭合(C)/放弃(U)]: 2200↙
指定下一个点或 [圆弧(A)/闭合(C)/放弃(U)]: 4120↙
指定下一个点或 [圆弧(A)/闭合(C)/放弃(U)]: 2200↙
指定下一个点或 [圆弧(A)/闭合(C)/放弃(U)]: 3500↙
指定下一个点或 [圆弧(A)/闭合(C)/放弃(U)]: 6700↙
指定下一个点或 [圆弧(A)/闭合(C)/放弃(U)]: C↙
```

⑥ 创建内墙墙体，内墙墙体厚度为 120mm，墙体高度为 2000mm（图 7-67）。

```
命令: _Polysolid
高度 = 2000.0000, 宽度 = 240.0000, 对正 = 居中
指定起点或 [对象(O)/高度(H)/宽度(W)/对正(J)] <对象>: (拾取 A 点)
指定下一个点或 [圆弧(A)/放弃(U)]: (捕捉垂足)
```

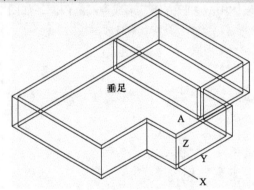

图 7-67 创建内墙墙体

⑦ 将外墙和内墙进行并集操作。

```
命令: _union
选择对象: 找到 1 个 (拾取外墙)
选择对象: 找到 1 个, 总计 2 (拾取内墙)
选择对象: ↙
```

2. 创建窗洞和门洞

① 分别创建如图 7-68 所示的两个长方体。

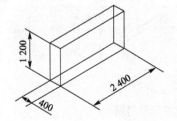
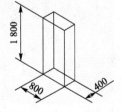

图 7-68 创建长方体

② 将长方体分别移至如图 7-69 所示的位置。

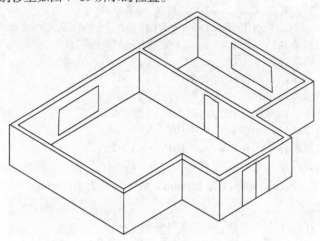

图 7-69　移动长方体

③ 利用差集命令，从墙体中减去长方体，形成窗洞和门洞，如图 7-70 所示。

```
命令: _subtract
选择要从中减去的实体、曲面和面域...
选择对象: 找到 1 个（拾取墙体）
选择对象:↙
选择要减去的实体、曲面和面域...
选择对象: 找到 1 个（拾取长方体）
选择对象: 找到 1 个，总计 2 个（拾取长方体）
选择对象: 找到 1 个，总计 3 个（拾取长方体）
选择对象: 找到 1 个，总计 4 个（拾取长方体）
选择对象: 找到 1 个，总计 5 个
选择对象:↙
```

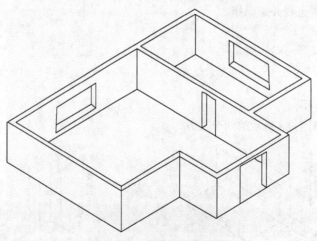

图 7-70　创建窗洞和门洞

3. 创建窗户和门的实体模型（图 7-71）

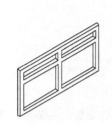
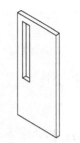

（a）窗户的实体模型　　　　（b）门的实体模型

创建窗户和门

图 7-71　窗户和门的实体模型

① 创建如图 7-72 中 1～5 的长方体。

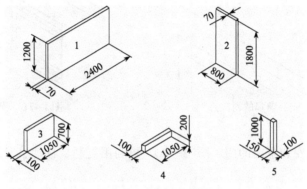

图 7-72　创建长方体

② 创建窗户的实体模型（图 7-73）。将长方体 3 和长方体 4 按照图示的定位尺寸移至长方体 1 中。利用差集命令将长方体 3 和长方体 4 从长方体 1 中减去，得到窗户的实体模型。

③ 创建门的实体模型（图 7-74）。将长方体 5 移至长方体 2 中。利用差集命令将长方体 5 从长方体 2 中减去，得到门的实体模型。

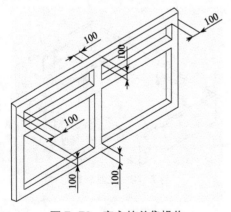
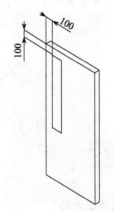

图 7-73　窗户的差集操作　　　　图 7-74　门的差集操作

4. 安装窗户和门

（1）安装窗户（图 7-75）

```
命令: move↙
选择对象: 找到 1 个（拾取窗户）
选择对象:↙
指定基点或 [位移(D)] <位移>:（拾取窗户短边上的中点A）
指定第二个点或 <使用第一个点作为位移>:（拾取窗洞短边的中点B）
```

安装后的效果如图 7-76 所示。

利用复制、三维旋转、移动命令完成另一个窗户的安装，安装后的效果如图 7-62 所示。

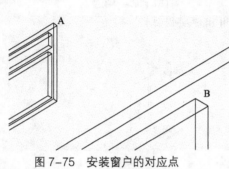

图 7-75 安装窗户的对应点

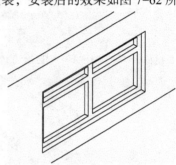

图 7-76 安装窗户

（2）安装门

利用相同的方法安装室内的门（图 7-77）。再利用复制、移动、三维旋转命令安装大门（图 7-78）。

```
命令: 3drotate↙
UCS 当前的正角方向: ANGDIR=逆时针 ANGBASE=0
选择对象: 找到 1 个（拾取大门中的一扇门）
选择对象:↙
指定基点:
拾取旋转轴:（拾取合适的旋转轴）
指定角的起点或键入角度: -60↙
```

旋转后的效果如图 7-78 所示。

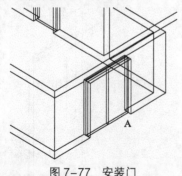

图 7-77 安装门

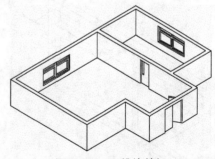

图 7-78 三维旋转门

5. 安放室内陈设

利用菜单栏的"插入"→"DWG（参考）"命令，插入室内陈设，通过移动、缩放等命令，调整到最佳效果，如图 7-62 所示。

单元8 综合实战案例

本单元所绘制的建筑施工图及建筑三维模型为真实小区的实际图形，此小区名为"海逸花园"，此案例既是一次实战演练，也是对本书所讲内容的一个总结。在实战案例中灵活运用所学的内容，同时也是对所学内容的一次梳理。

● 学习目标

1. 掌握绘制建筑总平面图、建筑平面图、建筑立面图的流程及绘图技巧。
2. 掌握创建建筑三维模型及小区整体三维模型的基本思路和流程。

● 学习提示

本单元的五个任务所完成的内容构成一个整体，新建建筑位于总平面图之中，平面图、立面图都是这座建筑（新建建筑）的建筑施工图，所以，五个任务前后呼应，形成一个完整的体系。本单元由五个任务组成，分别是：

任务1　绘制建筑总平面图。

任务2　绘制建筑平面图。

任务3　绘制建筑立面图。

任务4　绘制新建建筑的实体模型。

任务5　绘制小区内其他各建筑模型，调整布局，完善整体。

任务1　绘制建筑总平面图

任务描述

本任务为绘制"海逸花园"小区的建筑总平面图。如图 8-1 所示，通过实例演练，掌握绘制建筑总平面图的方法和具体步骤，同时对前面所讲过的相关命令加以巩固。

任务分析

绘制建筑总平面图需按一定的比例在图纸上画出房屋轮廓线及其他设施水平投影的可见线。该小区主要由九座建筑、一个停车场和一个儿童乐园组成，其中三座建筑为新建建筑。

图 8-1　建筑总平面图

相关知识

1．建筑总平面图所反应的主要内容

① 建筑物的位置。

② 室外场地、道路布置、绿化带的分布等情况。

③ 新建建筑物与相邻建筑物及周围环境的位置关系。

2．绘制总平面图的主要步骤

① 绘制道路。

② 绘制原有建筑。

③ 绘制新建建筑。

④ 绘制绿化带。

⑤ 书写汉字。

3．构造线

使用构造线命令可以绘制出无限长的直线，利用它能直接绘制出水平、垂直、倾斜及平行的线段，作图过程中可使用此命令绘制定位线或辅助线。

启动方式

① 命令：XLINE 或 XL↙

② 下拉菜单：绘图 → 构造线

③ 面板：功能区面板图标

命令：_xline
指定点或[水平(H)/垂直(V)/角度(A)/二等分(B)/偏移(O)]：(拾取点)
指定通过点：(拾取点)
指定通过点：↙

常用选项：

① 指定点：通过两点绘制直线。

② 水平（H）：绘制水平方向上的直线。

③ 垂直（V）：绘制垂直方向上的直线。

④ 角度（A）：通过某点绘制具有一定角度的直线。

任务实现 ——绘制建筑总平面图（图 8-1）

1．创建图层

创建的图层如图 8-2 所示，当创建不同的对象时，应切换到相应图层。

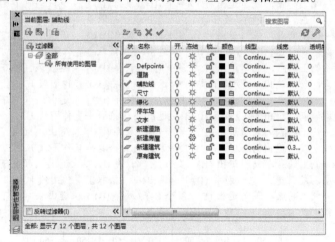

图 8-2　创建图层

2．设定绘图区域

设定绘图区域的大小为 550×400。

3．设置绘图工具

打开追踪、对象捕捉等功能开关，设定对象捕捉方式为端点、交点、中点等。

4．绘制作图基准线

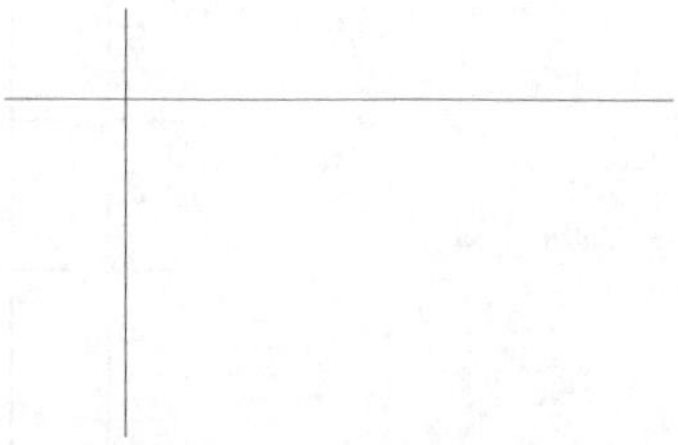

① 使用构造线命令绘制水平和垂直的作图基准线（图 8-3）。

图 8-3　作图基准线

命令：_xline
指定点或[水平(H)/垂直(V)/角度(A)/二等分(B)/偏移(O)]：H↙
指定通过点：(适当位置拾取一点)
指定通过点：↙
命令：_xline
指定点或[水平(H)/垂直(V)/角度(A)/二等分(B)/偏移(O)]：V↙

指定通过点：（适当位置拾取一点）

指定通过点：↙

② 使用偏移命令将基准线偏移复制（图 8-4）。

命令：_offset

当前设置：删除源=否　图层=源　OFFSETGAPTYPE=0

指定偏移距离或 [通过(T)/删除(E)/图层(L)] <通过>：50↙

选择要偏移的对象，或 [退出(E)/放弃(U)] <退出>：（拾取水平作图线）

指定要偏移的那一侧上的点，或 [退出(E)/多个(M)/放弃(U)] <退出>：（在右侧拾取一点）

选择要偏移的对象，或 [退出(E)/放弃(U)] <退出>：（拾取水平作图线）

指定要偏移的那一侧上的点，或 [退出(E)/多个(M)/放弃(U)] <退出>：（在右侧拾取一点）

选择要偏移的对象，或 [退出(E)/放弃(U)] <退出>：（拾取水平作图线）

指定要偏移的那一侧上的点，或 [退出(E)/多个(M)/放弃(U)] <退出>：（在右侧拾取一点）

选择要偏移的对象，或 [退出(E)/放弃(U)] <退出>：（拾取水平作图线）

指定要偏移的那一侧上的点，或 [退出(E)/多个(M)/放弃(U)] <退出>：（在右侧拾取一点）

选择要偏移的对象，或 [退出(E)/放弃(U)] <退出>：（拾取水平作图线）

指定要偏移的那一侧上的点，或 [退出(E)/多个(M)/放弃(U)] <退出>：（在右侧拾取一点）

选择要偏移的对象，或 [退出(E)/放弃(U)] <退出>：（拾取垂直作图线）

指定要偏移的那一侧上的点，或 [退出(E)/多个(M)/放弃(U)] <退出>：（在下方拾取一点）

选择要偏移的对象，或 [退出(E)/放弃(U)] <退出>：（拾取垂直作图线）

指定要偏移的那一侧上的点，或 [退出(E)/多个(M)/放弃(U)] <退出>：（在下方拾取一点）

选择要偏移的对象，或 [退出(E)/放弃(U)] <退出>：（拾取垂直作图线）

指定要偏移的那一侧上的点，或 [退出(E)/多个(M)/放弃(U)] <退出>：（在下方拾取一点）

选择要偏移的对象，或 [退出(E)/放弃(U)] <退出>：（拾取垂直作图线）

指定要偏移的那一侧上的点，或 [退出(E)/多个(M)/放弃(U)] <退出>：（在下方拾取一点）

选择要偏移的对象，或 [退出(E)/放弃(U)] <退出>：（拾取垂直作图线）

指定要偏移的那一侧上的点，或 [退出(E)/多个(M)/放弃(U)] <退出>：（在下方拾取一点）

选择要偏移的对象，或 [退出(E)/放弃(U)] <退出>：↙

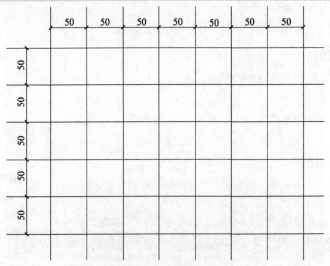

图 8-4　基准线偏移复制

5．绘制小区主要轮廓线

使用偏移、旋转及修剪命令绘制小区主要轮廓线，如图8-5所示。

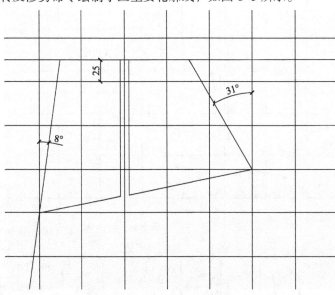

图8-5 绘制主要轮廓线

6．绘制道路

① 使用偏移、修剪命令绘制小区主要内部道路（图8-6）。

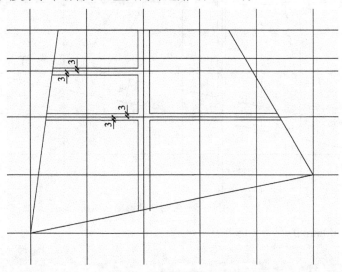

图8-6 绘制主要内部道路

② 使用偏移、修剪及延长命令绘制小区外部道路（图8-7和图8-8）。

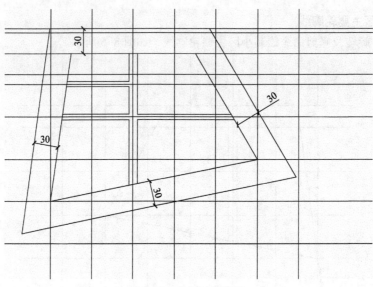

图 8-7　绘制外部道路

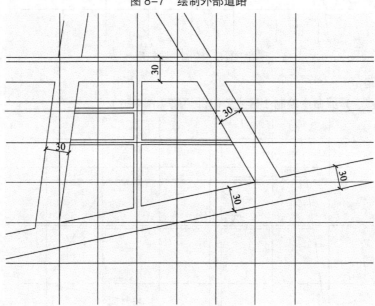

图 8-8　绘制外部道路

③ 绘制 *R*=15000mm 的圆角（图 8-9）。

```
命令: _fillet
当前设置: 模式 = 修剪, 半径 = 0
选择第一个对象或 [放弃(U)/多段线(P)/半径(R)/修剪(T)/多个(M)]:R↙
指定圆角半径 <0.0000>: 15↙
选择第一个对象或 [放弃(U)/多段线(P)/半径(R)/修剪(T)/多个(M)]: M↙
选择第一个对象或 [放弃(U)/多段线(P)/半径(R)/修剪(T)/多个(M)]: (拾取线段)
选择第二个对象, 或按住 Shift 键选择对象以应用角点或 [半径(R)]: (拾取线段)
选择第一个对象或 [放弃(U)/多段线(P)/半径(R)/修剪(T)/多个(M)]:↙
```

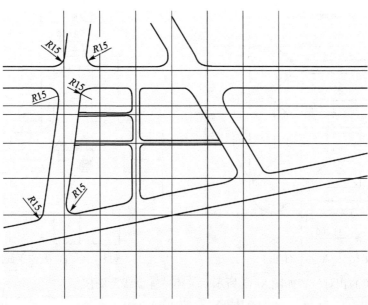

图 8-9   绘制外部道路圆角

④ 绘制 *R*=3000mm 的圆角，使用打断命令修整道路长度，结果如图 8-10 所示。

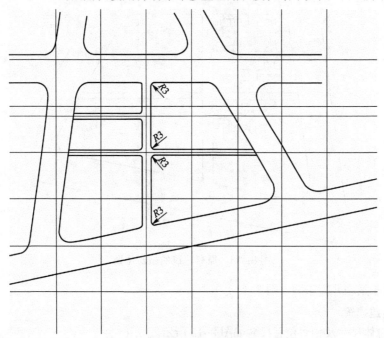

图 8-10   绘制内部道路圆角

7．绘制原有建筑

① 绘制健身房，即 A 座（图 8-11）。

② 绘制原有建筑，即一期住宅楼，B ~ F 座（图 8-12）。

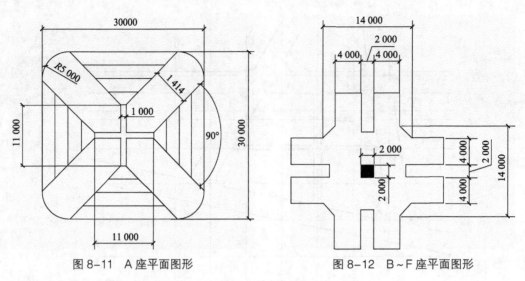

图 8-11　A 座平面图形　　　　　　　　图 8-12　B ~ F 座平面图形

③ 原有建筑的相对位置如图 8-13 所示。关闭"辅助线"图层。

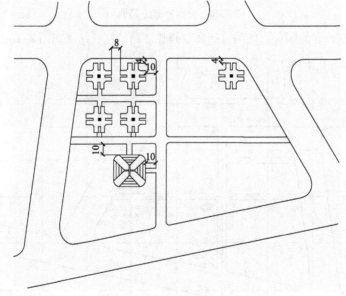

图 8-13　原有建筑的相对位置

④ 绘制停车场和儿童乐园（图 8-14）。

8．绘制新建建筑

新建建筑总体尺寸及相对位置尺寸如图 8-15 所示。

9．绘制绿化带

使用多段线命令和圆的命令绘制绿化带轮廓，如图 8-16 所示。

使用图案填充命令填充剖面图案，图案名称为"GRASS"，填充比例为 150。图案填充设置如图 8-17 所示。填充效果如图 8-18 所示。

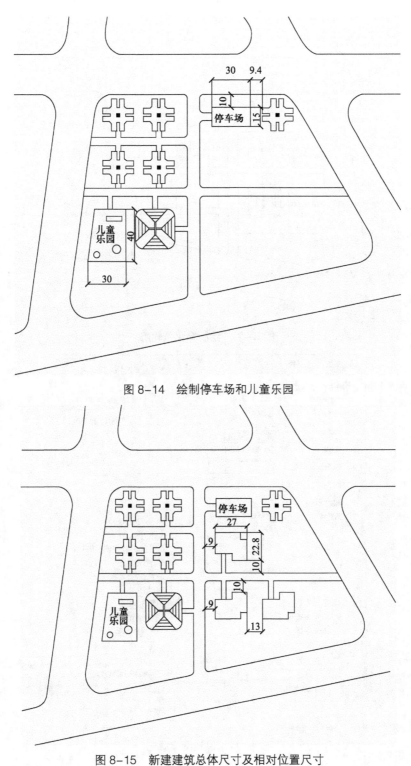

图 8-14　绘制停车场和儿童乐园

图 8-15　新建建筑总体尺寸及相对位置尺寸

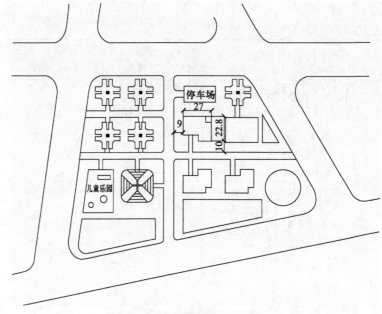

图 8-16　绘制绿化带轮廓

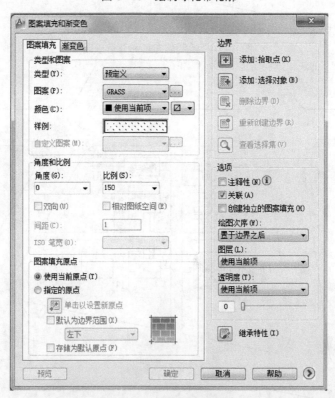

图 8-17　设置图案填充

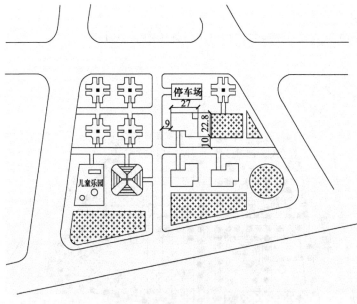

图 8-18　绿化带填充效果

10．利用设计中心插入图块"树木"

工具→选项板→设计中心→Program files / Autodesk / AutoCAD Simplifited Chinese / Sample / DesignCenter，选择图例的图块"树木"，双击"树木"选项，选择"统一比例"，比例因子设为 2，插入"树木"。将"树木"切换到"绿化"图层。使用复制命令复制"树木"。效果如图 8-19 所示。

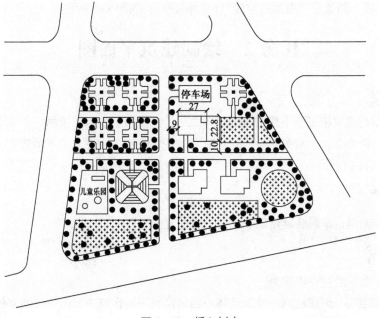

图 8-19　插入树木

11. 书写文字

使用单行文字命令，书写建筑名称和道路名称（图 8-20）。

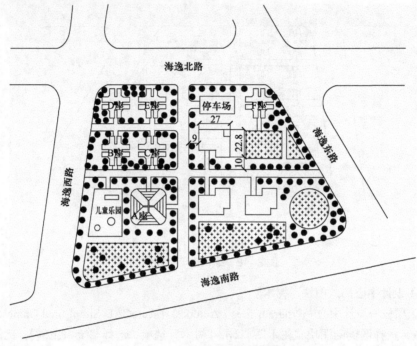

图 8-20　书写建筑名称和道路名称

12. 插入 A2 图框

插入 A2 图框，调整总平面图的位置，填写标题栏，如图 8-1 所示。

任务 2　绘制建筑平面图

(任务描述)

建筑平面图是建筑施工图中最基本的图样之一，主要用于表示建筑物的平面形状以及沿水平方向的布置和组合关系。本案例所绘制的对象为本单元任务 1 中建筑总平面图中的新建建筑，其建筑平面图如图 8-21 所示

(任务分析)

通过绘制本案例，掌握绘制建筑平面图的绘制流程、方法和技巧。

(相关知识)

绘制建筑平面图的主要步骤为：

绘制作图基准线→创建柱网→绘制墙体→创建窗洞→制作窗户、门→绘制室外台阶及散水→绘制楼梯→标注尺寸及轴号。

任务实现——绘制建筑平面图（图 8-21）

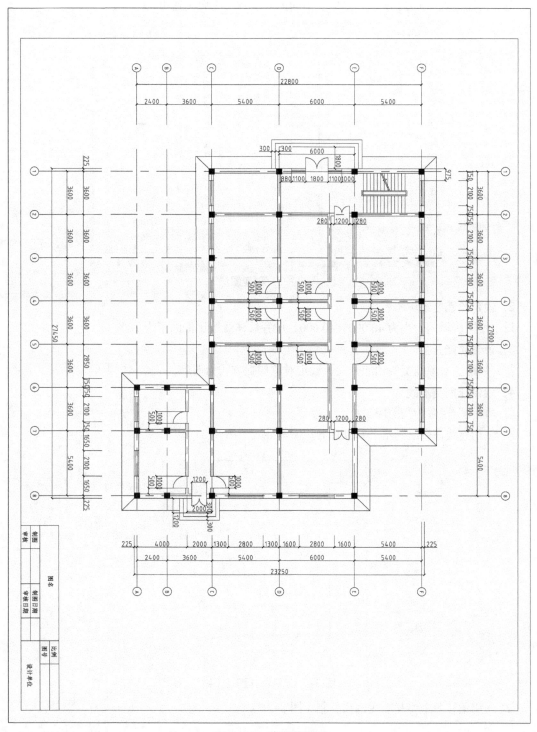

图 8-21　建筑平面图

1. 创建图层

创建的图层如图 8-22 所示，当创建不同的对象时，应切换到相应图层。

图 8-22　创建图层

2. 设定绘图区域

设定绘图区域的大小为 40 000×40 000，设置总体线型比例因子为 100。

3. 设置功能开关

打开追踪、对象捕捉等功能开关，设定对象捕捉方式为端点、交点、中点等。

4. 绘制作图基准线

将"轴线"层置为当前层。

① 使用直线命令绘制水平和垂直的作图基准线（图 8-23）。

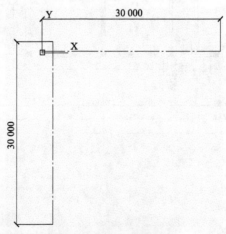

图 8-23　绘制作图基准线

② 使用偏移命令将基准线偏移复制（图 8-24）。

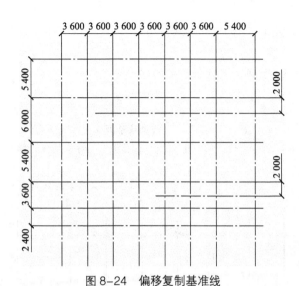

图 8-24　偏移复制基准线

5. 绘制柱子横截面图

柱子的横截面图尺寸如图 8-25 所示。

将"柱网"层置为当前层。

```
命令：_rectang
指定第一个角点或 [倒角(C)/标高(E)/圆角(F)/厚度(T)/宽度(W)]：(在屏幕的适当位置拾取一点)
指定另一个角点或 [面积(A)/尺寸(D)/旋转(R)]：@450,450↙
命令：_line 指定第一点：(捕捉顶点1)
指定下一点或 [放弃(U)]：(捕捉顶点4)
指定下一点或 [放弃(U)]：↙
命令：_line 指定第一点：(捕捉顶点2)
指定下一点或 [放弃(U)]：(捕捉顶点3)
指定下一点或 [放弃(U)]：↙
命令：solid
指定第一点：(拾取1点)
指定第二点：(拾取2点)
指定第三点：(拾取3点)
指定第四点或 <退出>：(拾取4点)
指定第三点：↙
```

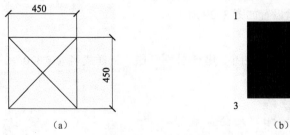

（a）　　　　　　　　　　　　　　　（b）

图 8-25　柱子横截面图

6. 创建柱网（图 8-26）

命令：_copy
选择对象：指定对角点：找到 4 个（拾取柱子截面）
选择对象：↙
当前设置：复制模式 = 多个
指定基点或 [位移(D)/模式(O)] <位移>：（拾取柱子截面中心点）
指定第二个点或 [阵列(A)] <使用第一个点作为位移>： <对象捕捉追踪 关> <正交 关>（拾取轴线交点）
指定第二个点或 [阵列(A)/退出(E)/放弃(U)] <退出>：（拾取轴线角点）
（依次拾取）

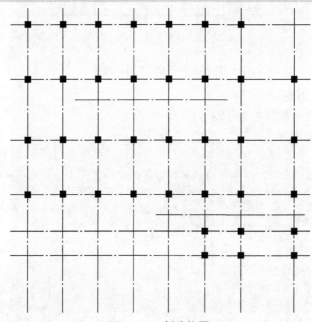

图 8-26　创建柱网

7. 创建墙体

（1）创建多线样式（图 8-27）

样式名"370"，偏移量设置如图 8-28 所示。

样式名"240"，偏移量设置如图 8-29 所示。

（2）创建外墙墙体

将"墙体"层置为当前层，关闭"建筑-柱网"层。将样式名为"370"的多线样式置为当前样式，如图 8-30 所示。

命令：_mline
当前设置：对正 = 上，比例 = 20.00，样式 = 370
指定起点或 [对正(J)/比例(S)/样式(ST)]： J↙
输入对正类型 [上(T)/无(Z)/下(B)] <上>： Z↙
当前设置：对正 = 无，比例 = 20.00，样式 = 370

```
指定起点或 [对正(J)/比例(S)/样式(ST)]: S↙
输入多线比例 <20.00>: 1↙
当前设置: 对正 = 无, 比例 = 1.00, 样式 = 370
指定起点或 [对正(J)/比例(S)/样式(ST)]: (拾取 1 点)
指定下一点: (拾取 2 点)
指定下一点或 [放弃(U)]: (拾取 3 点)
指定下一点或 [闭合(C)/放弃(U)]: (拾取 4 点)
指定下一点或 [闭合(C)/放弃(U)]: (拾取 5 点)
指定下一点或 [闭合(C)/放弃(U)]: (拾取 6 点)
指定下一点或 [闭合(C)/放弃(U)]: (拾取 7 点)
指定下一点或 [闭合(C)/放弃(U)]: (拾取 8 点)
指定下一点或 [闭合(C)/放弃(U)]: C↙
```

图 8-27　多线样式对话框

图 8-28　创建多线样式 370

图 8-29　创建多线样式 240

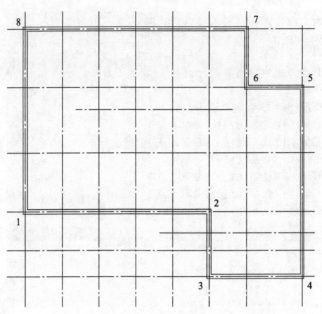

图 8-30 创建外墙墙体

（3）创建内墙墙体

将样式名为"240"的多线样式置为当前样式，使用多线命令绘制，结果如图 8-31 所示。

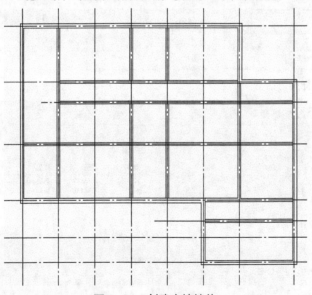

图 8-31 创建内墙墙体

8. 编辑多线，完善墙体

① 修改→对象→多线，弹出"多线编辑工具"对话框，选择"T 形打开" ，将 A ~ V 各点进行"T 形打开"，编辑结果如图 8-32 所示。

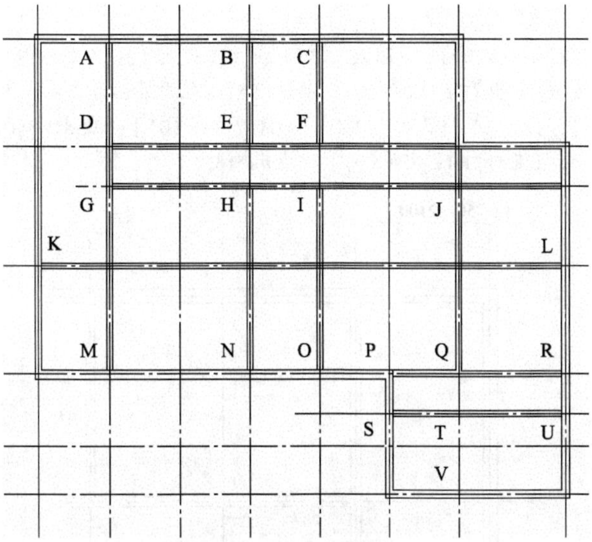

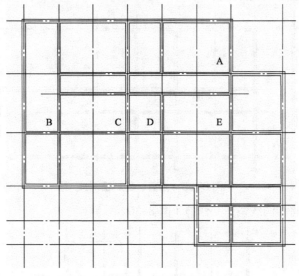

图 8-32 T 形打开

② 选择"十字打开" ，将 A ~ E 各点进行"十字打开",编辑结果如图 8-33 所示。

图 8-33 十字打开

9、创建窗洞

将"门窗"层置为当前层。

① 创建窗洞（图 8-34）。

```
命令: _line
指定第一点: <对象捕捉追踪 开> 750↙（从 1 点向右追踪 750）
指定下一点或 [放弃(U)]:（向下绘制垂线）
指定下一点或 [放弃(U)]:↙
命令: _offset
```

当前设置：删除源=否　图层=源　OFFSETGAPTYPE=0
指定偏移距离或 [通过(T)/删除(E)/图层(L)] <通过>：2100↙
选择要偏移的对象，或 [退出(E)/放弃(U)] <退出>：(拾取垂线)
指定要偏移的那一侧上的点，或 [退出(E)/多个(M)/放弃(U)] <退出>：(在垂线右侧单击一点)
选择要偏移的对象，或 [退出(E)/放弃(U)] <退出>：↙

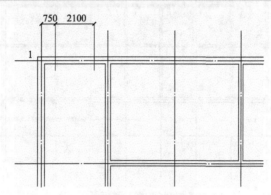

图 8-34　绘制窗洞线

② 修剪窗洞，复制窗洞线并修剪（图 8-35）。

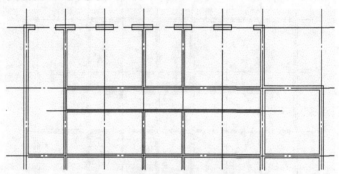

图 8-35　修剪、复制窗洞线

③ 使用镜像命令将窗洞线镜像并修剪（图 8-36）。

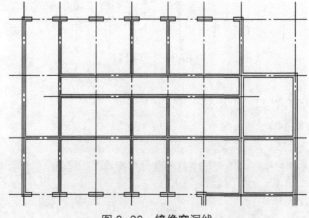

图 8-36　镜像窗洞线

④ 使用相同的方法创建其他窗洞（图 8-37）。

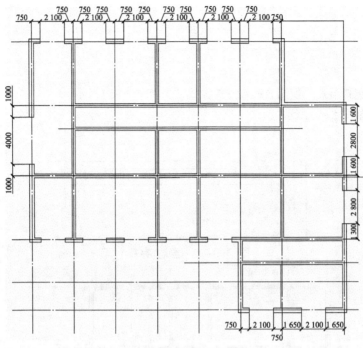

图 8-37　创建其他窗洞

10. 创建门洞（图 8-38）

使用相同的方法创建门洞。

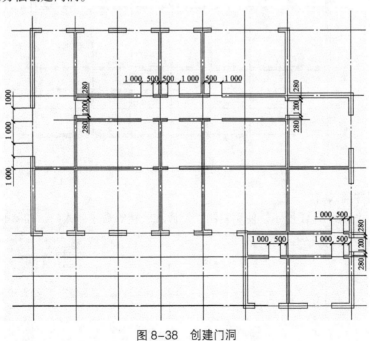

图 8-38　创建门洞

11. 绘制窗户

使用点的定数等分命令将窗洞线等分为 3 份。

```
命令：_divide
选择要定数等分的对象：（拾取窗洞线）
输入线段数目或 [块(B)]：3↙
```

对象捕捉点选择节点，使用直线命令绘制窗户，如图 8-39 所示。

复制窗户，如图 8-40 所示。

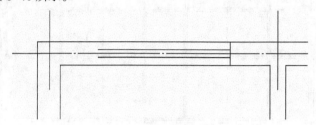

图 8-39　绘制窗户

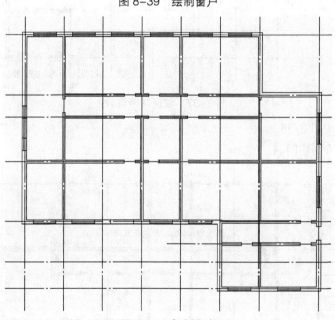

图 8-40　复制窗户

12. 绘制门并插入门

绘制门，尺寸如图 8-41 所示。使用复制、镜像和旋转等命令插入门，如图 8-42 所示。

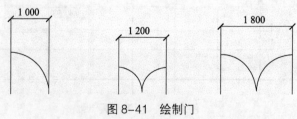

图 8-41　绘制门

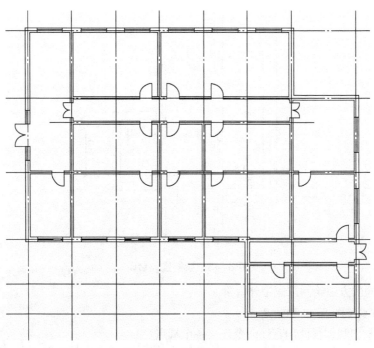

图 8-42 插入门

13. 绘制室外台阶及散水

将"台阶及散水"层置为当前层。

（1）使用多段线命令绘制室外台阶（图 8-43）

① 绘制西侧室外台阶。

```
命令: _pline
指定起点:（拾取 A 点）
当前线宽为 0.0000
指定下一个点或 [圆弧(A)/半宽(H)/长度(L)/放弃(U)/宽度(W)]: <正交 开> 1800（由 A 点向
左绘制线段）
指定下一点或 [圆弧(A)/闭合(C)/半宽(H)/长度(L)/放弃(U)/宽度(W)]: 6000（继续向下绘制线
段）
指定下一点或 [圆弧(A)/闭合(C)/半宽(H)/长度(L)/放弃(U)/宽度(W)]:（继续向右捕捉垂足）
指定下一点或 [圆弧(A)/闭合(C)/半宽(H)/长度(L)/放弃(U)/宽度(W)]:↙
命令: _offset
当前设置: 删除源=否  图层=源  OFFSETGAPTYPE=0
指定偏移距离或 [通过(T)/删除(E)/图层(L)] <1100.0000>: 300↙
选择要偏移的对象，或 [退出(E)/放弃(U)] <退出>:（拾取多段线 1）
指定要偏移的那一侧上的点，或 [退出(E)/多个(M)/放弃(U)] <退出>:（在多段线 1 左侧单击）
选择要偏移的对象，或 [退出(E)/放弃(U)] <退出>:（拾取多段线 2）
指定要偏移的那一侧上的点，或 [退出(E)/多个(M)/放弃(U)] <退出>:（在多段线 2 左侧单击）
选择要偏移的对象，或 [退出(E)/放弃(U)] <退出>:↙
```

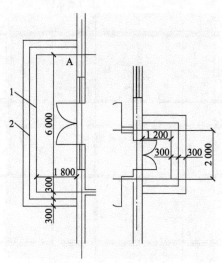

图 8-43　绘制室外台阶

② 使用相同的方法绘制东侧室外台阶。

（2）绘制散水（图 8-44 和图 8-45）

首先绘制 45°斜线，再使用直线命令连接各个端点。

```
命令：_line 指定第一点：（捕捉 1 点）
指定下一点或 [放弃(U)]：@1000,1000↙
指定下一点或 [放弃(U)]：↙
```

使用相同的方法绘制其他斜线（倾斜方向相同的斜线可使用复制命令进行复制），绘制直线进行连接各个端点。

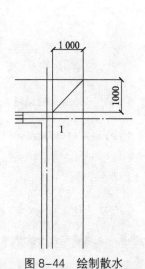

图 8-44　绘制散水

图 8-45　绘制其他散水

14. 绘制楼梯（图 8-46）

```
命令：_line
指定第一点：（在屏幕适当位置拾取一点）
```

指定下一点或 [放弃(U)]: 3335↙
指定下一点或 [放弃(U)]:↙
命令: _arrayrect
选择对象: 找到 1 个 (选取线段)
选择对象:↙
类型 = 矩形　关联 = 是
为项目数指定对角点或 [基点(B)/角度(A)/计数(C)] <计数>: C↙
输入行数或 [表达式(E)] <4>: 13↙
输入列数或 [表达式(E)] <4>: 1↙
指定对角点以间隔项目或 [间距(S)] <间距>: s↙
指定行之间的距离或 [表达式(E)] <1>: 280↙
按 Enter 键接受或 [关联(AS)/基点(B)/行(R)/列(C)/层(L)/退出(X)] <退出>:↙
命令: _rectang
指定第一个角点或 [倒角(C)/标高(E)/圆角(F)/厚度(T)/宽度(W)]: _from 基点: <打开对象捕
捉> <偏移>: @1450,150↙ (利用捕捉自,捕捉 1 点,偏移后得到 2 点)
指定另一个角点或 [面积(A)/尺寸(D)/旋转(R)]: @435,-3660↙ (得到 3 点)
命令: _offset
当前设置: 删除源=否　图层=源　OFFSETGAPTYPE=0
指定偏移距离或 [通过(T)/删除(E)/图层(L)] <通过>: 80↙
选择要偏移的对象, 或 [退出(E)/放弃(U)] <退出>: (拾取矩形)
指定要偏移的那一侧上的点, 或 [退出(E)/多个(M)/放弃(U)] <退出>: (拾取矩形内部任意一点)
选择要偏移的对象, 或 [退出(E)/放弃(U)] <退出>:↙
命令: _explode
选择对象: 找到 1 个 (拾取楼梯线段)
选择对象:↙
命令: _trim
当前设置:投影=UCS,边=无
选择剪切边...
选择对象或 <全部选择>: 找到 1 个 (拾取外面的矩形)
选择对象:↙
选择要修剪的对象, 或按住 Shift 键选择要延伸的对象, 或[栏选(F)/窗交(C)/投影(P)/边(E)/
删除(R)/放弃(U)]: 指定对角点: (拾取矩形内部的线段)
选择要修剪的对象, 或按住 Shift 键选择要延伸的对象, 或[栏选(F)/窗交(C)/投影(P)/边(E)/
删除(R)/放弃(U)]:↙
使用多段线命令绘制折线, 并偏移。

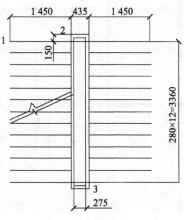

图 8-46　楼梯尺寸

复制楼梯到平面图中, 位置尺寸如图 8-47 所示。

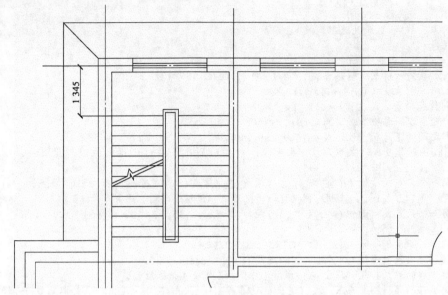

图 8-47　楼梯位置尺寸

15. 标注尺寸及轴号

将"标注"层置为当前层, 打开"柱网"层, 全局比例因子设为 100。

① 使用构造线命令绘制水平辅助线及竖直辅助线 (图 8-48)。

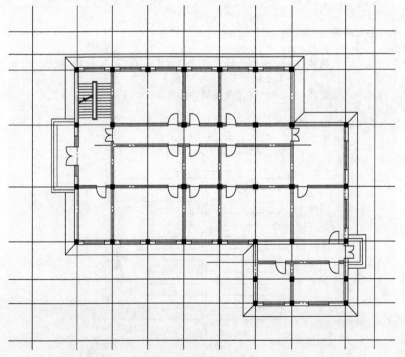

图 8-48　绘制辅助线

② 使用线性尺寸标注和连续尺寸标注，根据水平辅助线与竖直线的交点标注尺寸（图 8-49）。

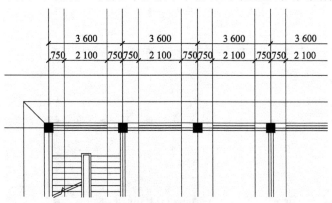

图 8-49　标注尺寸

③ 其他尺寸也使用相同的方法标注（图 8-50）。

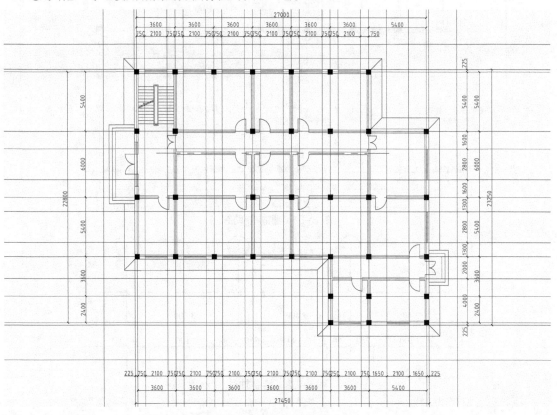

图 8-50　标注其他尺寸

④ 删除辅助线（图 8-51）。

⑤ 绘制轴线引出线，绘制半径为 350 的圆，在圆内书写轴线编号，字高为 350，如图 8-52 所示。

⑥ 复制轴号至图示各个位置，绘制连接直线（图 8-53）。

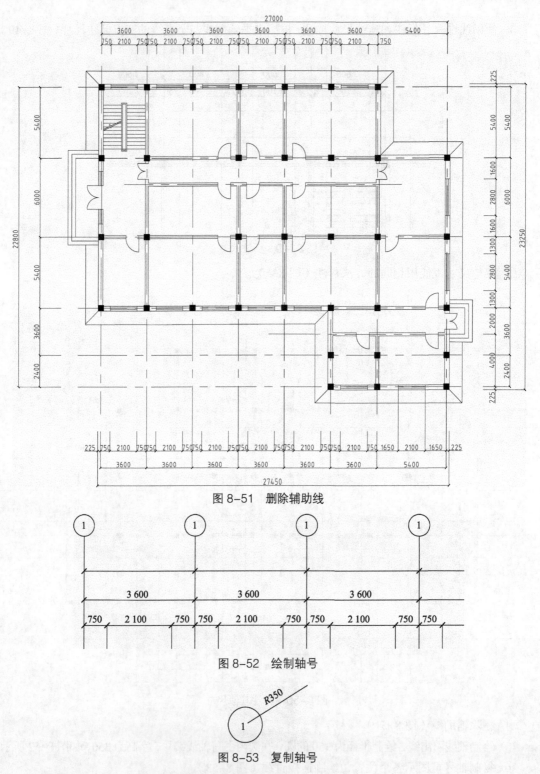

图 8-51　删除辅助线

图 8-52　绘制轴号

图 8-53　复制轴号

⑦ 修改轴号名称，标注细节尺寸（图 8-54）。

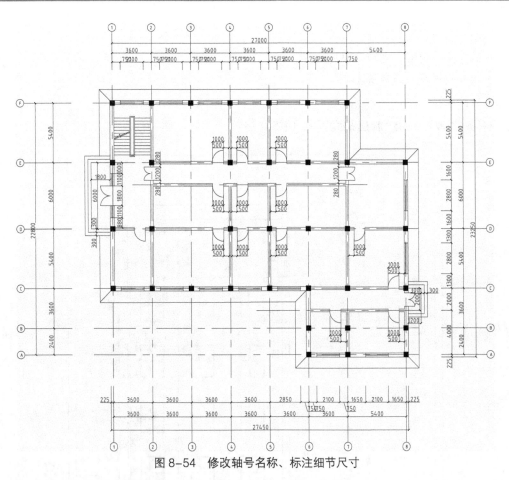

图 8-54　修改轴号名称、标注细节尺寸

16．插入 A2 图框及标题栏

使用缩放命令将 A2 图框及标题栏放大 100 倍，调整平面图的位置，如图 8-21 所示。

任务 3　绘制建筑立面图

(任务描述)

建筑立面图是按不同的投射方向绘制房屋侧面外形，主要反映房屋的外貌和立面装饰情况。本任务所绘制的对象为本单元任务 1 中建筑总平面图中的新建建筑，其建筑立面图如图 8-55 所示。

(任务分析)

通过绘制本案例，掌握绘制建筑立面图的绘制流程、方法和技巧。

(相关知识)

绘制建筑立面图的主要步骤为：

① 导入建筑平面图。

② 绘制立面图外轮廓线。

③ 绘制窗户。

④ 确定窗户位置，复制窗户。

⑤ 绘制雨篷及室外台阶。

⑥ 标注尺寸。

——绘制建筑立面图（图 8-55）

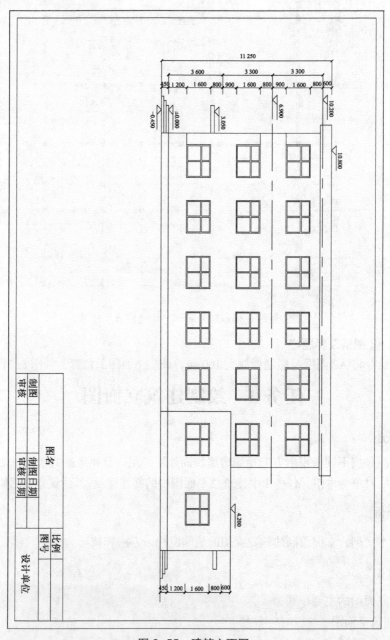

图 8-55　建筑立面图

1．创建图层

创建图层，如图 8-56 所示。当创建不同的对象时，应切换到相应的图层。

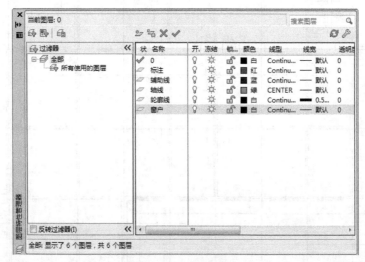

图 8-56　创建图层

2．设定绘图区域

设定绘图区域的大小为 400 000 × 400 000，设置总体线型比例因子为 100。

3．设置功能开关

打开追踪、对象捕捉等功能开关，设定对象捕捉方式为端点、交点、中点等。

4．导入该建筑的平面图

插入→DWG 参照，选择该建筑平面图，如图 8-57 所示。插入到当前图形中。关闭该文件的"标注"及"柱网"层，显示如图 8-58 所示。

图 8-57　附着外部参照对话框

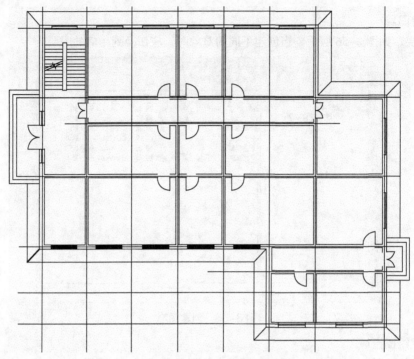

图 8-58　插入建筑平面图

5．绘制立面图外轮廓线

将"轮廓线"层置为当前层。

① 使用直线命令捕捉 1 点、2 点、3 点和 4 点分别向上追踪，绘制竖直投射线。

② 使用直线命令和偏移命令绘制屋顶线、室外地坪线和室内地坪线等，细节尺寸如图 8-59 所示。

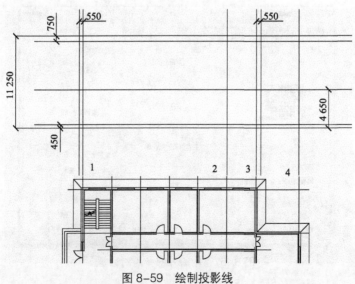

图 8-59　绘制投影线

③ 使用修剪命令进行修剪，结果如图 8-60 所示。

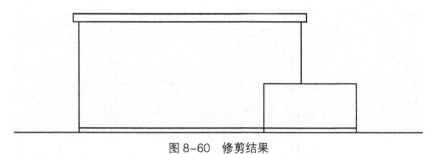

图 8-60 修剪结果

6．绘制窗户

将"窗户"层置为当前层，窗户尺寸如图 8-61 所示。

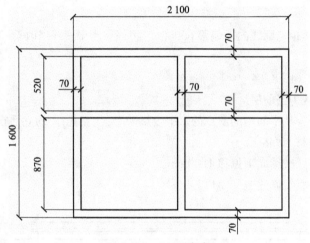

图 8-61 2100 窗户

① 使用矩形命令绘制 2100×1600 的矩形。

② 使用偏移命令将矩形向里偏移 70mm。

③ 过中点 1 向下绘制直线，然后向左右各偏移 35，删除所绘制的中间直线，如图 8-62 所示。

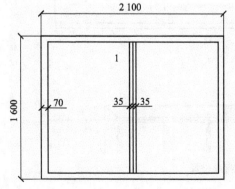
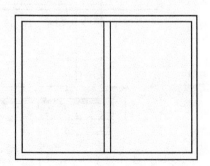

图 8-62 绘制窗户

④ 从 1 点向下追踪 520mm 绘制水平直线，使用偏移命令将该直线向下偏移 70mm，修剪后如图 8-63 所示。

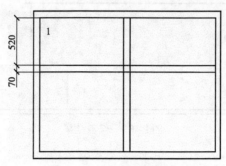

图 8-63　修剪结果

7．绘制轴线

使用偏移命令将楼顶轮廓线向下偏移 600mm。将偏移所得直线修改至"轴线"层，调整轴线长度。

8．确定窗户位置（图 8-64）

将"辅助线"层置为当前层。

① 使用直线命令，从平面图的窗户的水平投影向上，绘制窗户的立面投射线。

② 将轴线向下偏移 800mm。

③ 将偏移所得直线继续向下偏移 1600mm。

④ 将偏移的两条直线修改至"窗户"层。

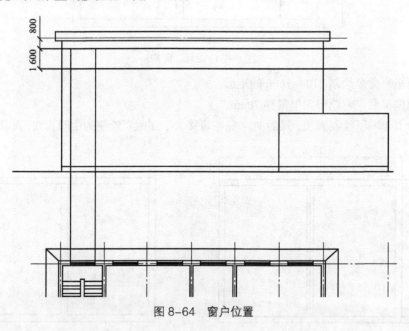

图 8-64　窗户位置

9. 复制窗户（图 8-65）

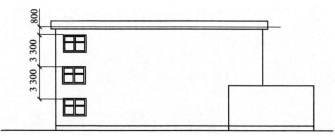

图 8-65　复制窗户

① 使用复制命令复制左上角第一个窗户。关闭"辅助线"层。

② 使用复制命令向下复制第一个窗户得到第一列窗户。

```
命令：_copy
选择对象：指定对角点：找到 13 个（拾取窗户）
选择对象：↵
当前设置：复制模式 = 多个
指定基点或 [位移(D)/模式(O)] <位移>：（拾取窗户上一点）
指定第二个点或 [阵列(A)] <使用第一个点作为位移>：<正交 开> 3300↵（向下追踪 3300mm）
指定第二个点或 [阵列(A)/退出(E)/放弃(U)] <退出>：6600↵（继续向下追踪 6600mm）
指定第二个点或 [阵列(A)/退出(E)/放弃(U)] <退出>：↵
```

③ 使用复制命令，完成其他窗户的绘制，间距如图 8-66 所示。

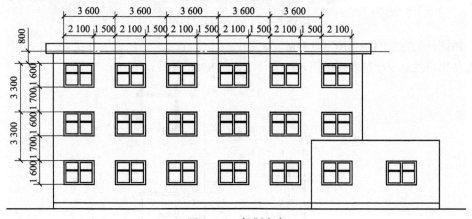

图 8-66　复制窗户

10. 绘制雨篷及室外台阶

将"轮廓线"层置为当前层。

① 使用直线命令绘制西侧室外台阶，室外台阶分 3 个踏步，每个踏步高 150mm，细节尺寸如图 8-67 所示。

```
命令：_line
指定第一点：（捕捉 1 点）
指定下一点或 [放弃(U)]：1800↵（从 1 点开始向左绘制线段）
```

```
指定下一点或 [放弃(U)]：150↙（向下绘制线段，得 2 点）
指定下一点或 [闭合(C)/放弃(U)]：↙
命令：_line
指定第一点：（沿 2 点向右追踪捕捉 3 点）
指定下一点或 [放弃(U)]：2100↙（从 3 点开始向左绘制线段）
指定下一点或 [放弃(U)]：150↙（向下绘制线段，得 4 点）
指定下一点或 [闭合(C)/放弃(U)]：↙
命令：_line
指定第一点：（沿 4 点向右追踪捕捉 5 点）
指定下一点或 [放弃(U)]：2400↙（从 5 点开始向左绘制线段）
指定下一点或 [放弃(U)]：150↙（向下绘制线段）
指定下一点或 [闭合(C)/放弃(U)]：↙
```

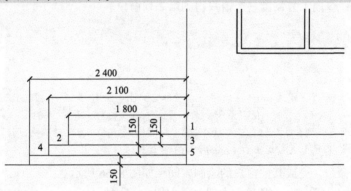

图 8-67　西侧室外台阶

② 用同样的方法绘制东侧室外台阶。

③ 使用直线命令绘制西侧雨篷，细节尺寸如图 8-68 所示。

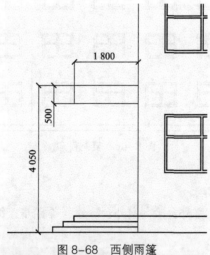

图 8-68　西侧雨篷

绘制的整体效果如图 8-69 所示。

图 8-69　立面图整体效果

11. 标注尺寸（含标高）

标高符号的绘制及尺寸，全局比例因子设为 100，如图 8-70 所示。插入 A3 图框及标题栏，使用缩放命令将其放大 100 倍，调整立面图的位置，如图 8-55 所示。

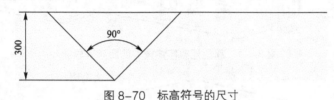

图 8-70　标高符号的尺寸

任务 4　绘制新建建筑的实体模型

（任务描述）

本任务所创建的模型对象为本单元任务 1 的建筑总平面图中的新建建筑的实体模型，如图 8-71 和图 8-72 所示，模型的建立应以任务 2 和任务 3 所绘制的建筑平面图和建筑立面图为依据。通过实体建模，不仅可以清晰地了解所绘制建筑施工图的实体模型的结构，还可以掌握创建建筑模型的具体方法和步骤。

（任务分析）

因本任务中的建筑实体模型只有三层，所以在创建建筑主体时使用了复制命令，如果层数较多，应使用三维矩形阵列命令，阵列时要注意层间距的选择。创建思路主要是：先创建首层实体和二层实体，再通过复制二层实体得到三层实体。

（相关知识）

创建的建筑实体模型的主要步骤：

① 利用多段体命令创建一层墙体模型。

② 创建窗户和门的实体模型。

③ 安装窗户和门。

④ 复制墙体。

⑤ 创建楼顶。

⑥ 创建室外台阶和雨篷。

任务实现——绘制新建建筑的实体模型（图 8-71 和图 8-72）

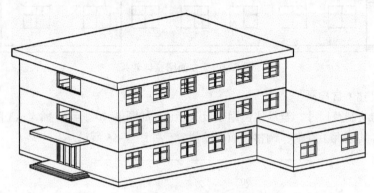

图 8-71　新建建筑实体模型的西南等轴测

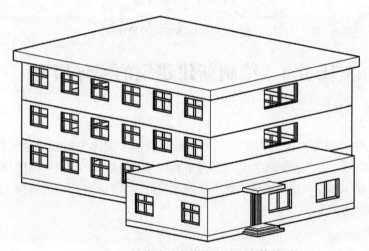

图 8-72　新建建筑实体模型的东南等轴测

1. 创建图层

创建的图层，如图 8-73 所示。当创建不同的对象时，应切换到相应图层。

2. 设定绘图区域

设定绘图区域的大小为 40 000 × 40 000，设置总体线型比例因子为 100。

3. 设置绘图功能开关

打开追踪、对象捕捉等功能开关，设定对象捕捉方式为端点、交点、中点等。

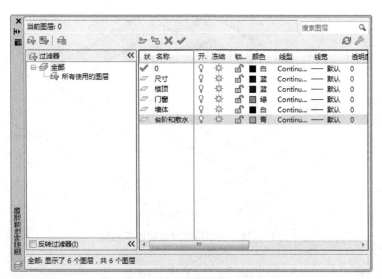

图 8-73 创建图层

4. 切换到西南轴测视图

单击视图功能区面板的"西南等轴测"图标，将视点转换为西南视点。

5. 创建一层墙体

利用多段体命令创建一层墙体模型，尺寸如图 8-74 和图 8-75 所示。

```
命令: _polysolid
高度 = 80.0000, 宽度 = 5.0000, 对正 = 居中
指定起点或 [对象(O)/高度(H)/宽度(W)/对正(J)] <对象>: H↙
指定高度 <80.0000>: 3600↙
高度 = 3600.0000, 宽度 = 5.0000, 对正 = 居中
指定起点或 [对象(O)/高度(H)/宽度(W)/对正(J)] <对象>: W↙
指定宽度 <5.0000>: 370↙
高度 = 3600.0000, 宽度 = 370.0000, 对正 = 居中
指定起点或 [对象(O)/高度(H)/宽度(W)/对正(J)] <对象>: (在 XOY 平面内拾取一点作为起点)
指定下一个点或 [圆弧(A)/放弃(U)]: 16985↙
指定下一个点或 [圆弧(A)/放弃(U)]: 18185↙
指定下一个点或 [圆弧(A)/闭合(C)/放弃(U)]: 6185↙
指定下一个点或 [圆弧(A)/闭合(C)/放弃(U)]: 9185↙
指定下一个点或 [圆弧(A)/闭合(C)/放弃(U)]: 17585↙
指定下一个点或 [圆弧(A)/闭合(C)/放弃(U)]: 5585↙
指定下一个点或 [圆弧(A)/闭合(C)/放弃(U)]: 5585↙
指定下一个点或 [圆弧(A)/闭合(C)/放弃(U)]: C↙
```

6. 创建室外基层

使用同样的方法创建室外基层部分，并将其移至一层下方，尺寸如图 8-76 所示。

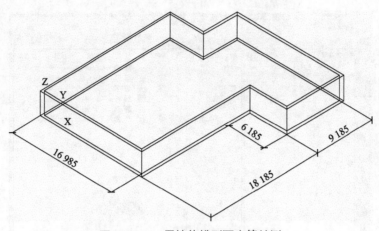

图 8-74　一层墙体模型西南等轴测

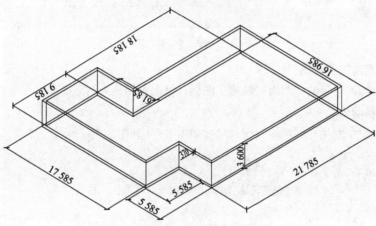

图 8-75　一层墙体模型东南等轴测

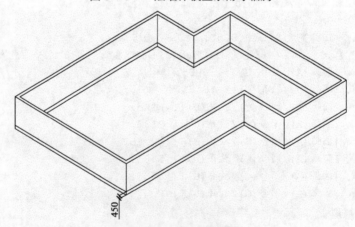

图 8-76　室外基层部分

7．创建二层墙体

利用多段体命令创建二层墙体模型，尺寸如图 8-77 所示。

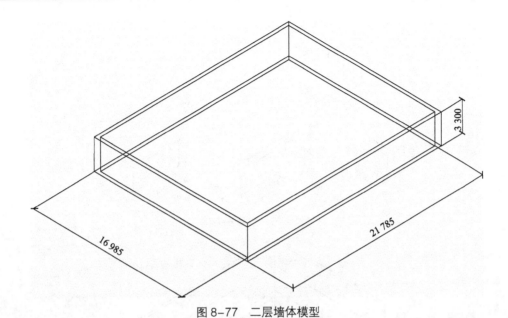

图 8-77 二层墙体模型

8. 创建三层墙体

复制二层墙体，得到三层墙体，如图 8-78 所示。

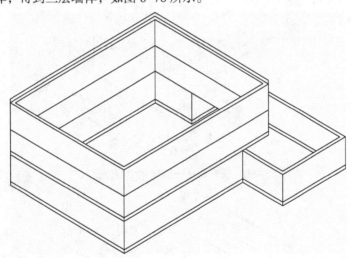

图 8-78 三层墙体模型

9. 创建窗洞和门洞

① 分别制作长方体，尺寸如图 8-79 所示。

② 使用移动、复制、镜像等命令将长方体分别移至一层墙体中，相关尺寸及相对位置尺寸如图 8-80 和图 8-81 所示。

③ 使用复制命令，将一层中的长方体复制至二层和三层，如图 8-82 所示。

④ 使用并集命令，将墙体合并为一个整体，再使用差集命令，从墙体中将长方体减去，形成窗洞和门洞，如图 8-83 所示。

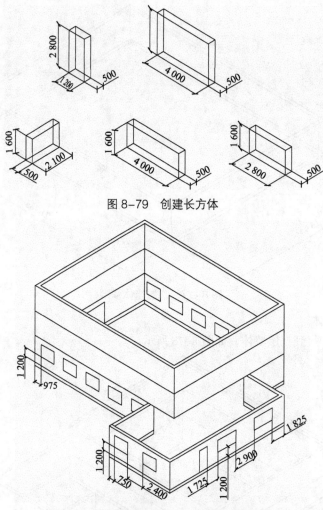

图 8-79　创建长方体

图 8-80　长方体在一层墙体中的位置尺寸

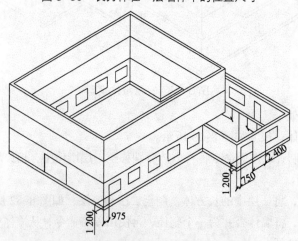

图 8-81　长方体在一层墙体中的位置尺寸

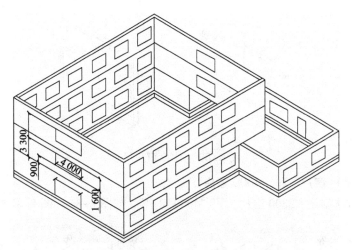

图 8-82　长方体在二层、三层墙体中的位置尺寸

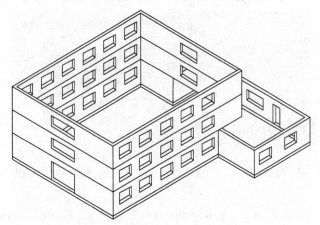

图 8-83　使用差集命令创建窗洞和门洞

10．创建"2100 窗户"

① 创建三个长方体，尺寸如图 8-84 所示。

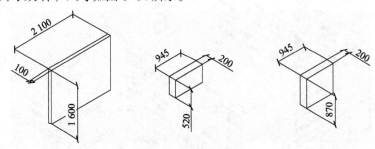

图 8-84　长方体的尺寸

② 使用移动、复制等命令将长方体分别移至图 8-85（a）所示的位置，相对位置尺寸如图 8-85（a）所示，使用差集命令，从大长方体中将小长方体减去，得到"2100 窗户"，如图 8-85（b）所示。

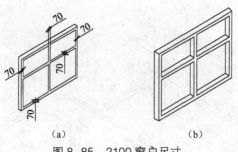

（a）　　　　　　　　（b）

图 8-85　2100 窗户尺寸

11. 创建"2800 窗户"和"4000 窗户"

使用相同的方法创建"2800 窗户"和"4000 窗户"，如图 8-86 和图 8-87 所示。

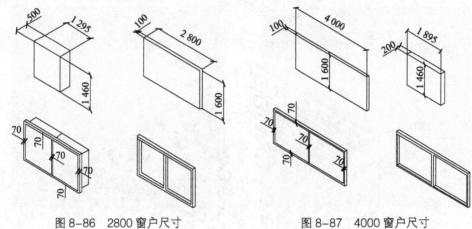

图 8-86　2800 窗户尺寸　　　　　　　　图 8-87　4000 窗户尺寸

12. 安装窗户

使用移动、复制命令将窗户安装在相应的位置上，如图 8-88 和图 8-89 所示。

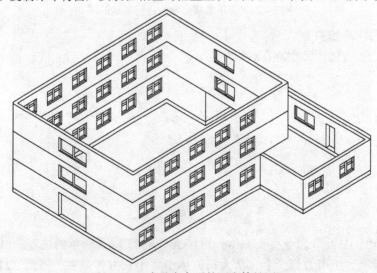

图 8-88　安装窗户后的西南等轴测图

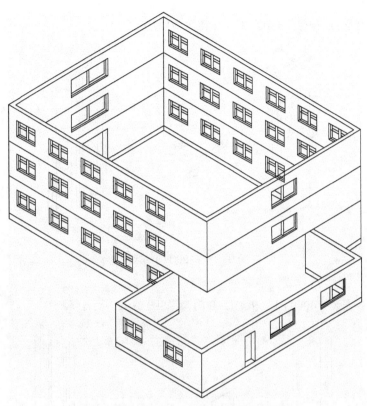

图 8-89 安装窗户后的东南等轴测图

13. 创建 "4000 门" 和 "1200 门"

使用长方体、复制和差集等命令创建 "4000 门" 和 "1200 门"。

① 创建 "4000 门"，使用长方体命令创建门框，尺寸如图 8-90（a）所示，使用复制、三维镜像命令创建 "4000 门"，相对位置如图 8-90（b）所示。

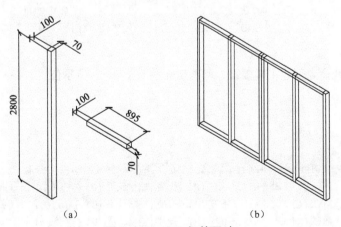

（a）   （b）

图 8-90 4000 门的尺寸

② 使用相同的方法创建 "1200 门"，如图 8-91 所示。

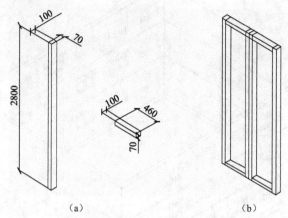

(a)　　　　　　　　　　　　(b)

图 8-91　1200 门的尺寸

14. 安装门

使用移动命令安装 "4000 门" 和 "1200 门"，如图 8-92 所示。

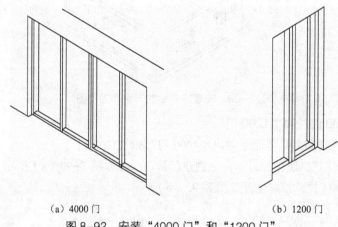

(a) 4000 门　　　　　　　　　　(b) 1200 门

图 8-92　安装 "4000 门" 和 "1200 门"

15. 创建楼顶

① 使用多段线命令创建主楼楼顶，调整坐标系至图 8-93 所示位置，将 "楼顶" 层置为当前图层。

```
命令: _pline
指定起点: (拾取 1 点)
当前线宽为 0.0000
指定下一个点或 [圆弧(A)/半宽(H)/长度(L)/放弃(U)/宽度(W)]: (拾取 2 点)
指定下一点或 [圆弧(A)/闭合(C)/半宽(H)/长度(L)/放弃(U)/宽度(W)]: (拾取 3 点)
指定下一点或 [圆弧(A)/闭合(C)/半宽(H)/长度(L)/放弃(U)/宽度(W)]: (拾取 4 点)
指定下一点或 [圆弧(A)/闭合(C)/半宽(H)/长度(L)/放弃(U)/宽度(W)]: C↙
命令: _extrude
当前线框密度:　ISOLINES=4，闭合轮廓创建模式 = 实体
```

选择要拉伸的对象或 ［模式(MO)］：_MO 闭合轮廓创建模式 ［实体(SO)/曲面(SU)］ <实体>：_SO
选择要拉伸的对象或 ［模式(MO)］：找到 1 个（拾取多段线）
选择要拉伸的对象或 ［模式(MO)］：↙
指定拉伸的高度或 ［方向(D)/路径(P)/倾斜角(T)/表达式(E)］：750↙

如图 8-94 所示。

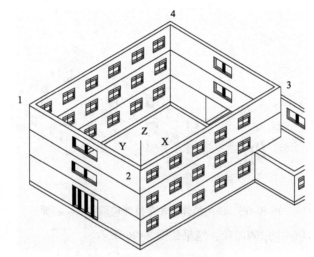

图 8-93　绘制楼顶多段线

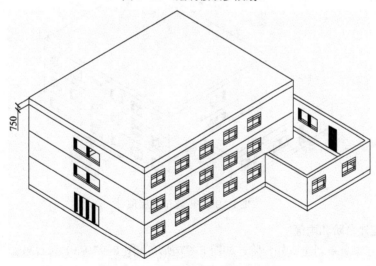

图 8-94　拉伸建模创建楼顶模型

② 使用拉伸面命令（功能区面板图标□）将楼顶的四个侧面分半向外拉伸 550mm（图 8-95）。

命令：_solidedit
实体编辑自动检查：SOLIDCHECK=1
输入实体编辑选项 ［面(F)/边(E)/体(B)/放弃(U)/退出(X)］ <退出>：_face↙
输入面编辑选项
［拉伸(E)/移动(M)/旋转(R)/偏移(O)/倾斜(T)/删除(D)/复制(C)/颜色(L)/材质(A)/放弃(U)/退出(X)］ <退出>：_extrude

选择面或 [放弃(U)/删除(R)]：找到一个面（拾取一个侧面）
选择面或 [放弃(U)/删除(R)/全部(ALL)]：↙
指定拉伸高度或 [路径(P)]：550↙
指定拉伸的倾斜角度 <0>:↙

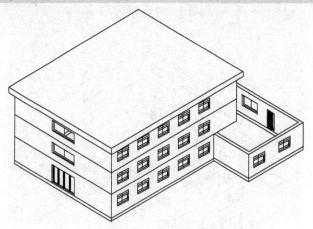

图 8-95　使用拉伸面命令拉伸楼顶的四个侧面

③ 使用相同的方法创建东侧屋顶，结果如图 8-96 所示。

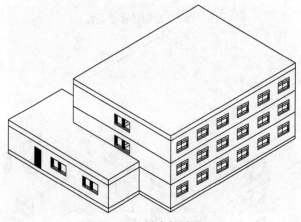

图 8-96　创建东侧屋顶

16．创建室外台阶和雨篷

① 使用长方体命令创建室外台阶，如图 8-97 所示，图 8-97（a）为西侧室外台阶，图 8-97（b）为东侧室外台阶。

② 使用移动命令、捕捉中点及对象追踪等方法安装室外台阶，如图 8-98 所示，图 8-98（a）为西侧室外台阶安装效果，图 8-98（b）为东侧室外台阶安装效果。

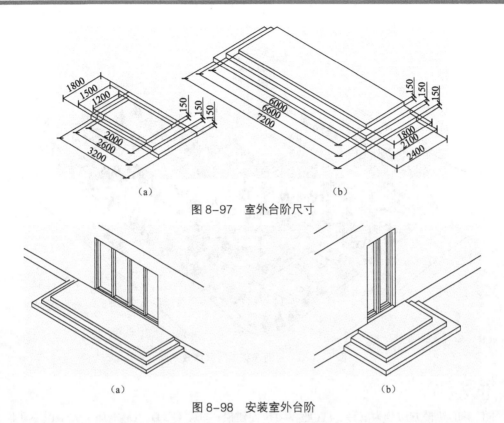

（a）   （b）

图 8-97 室外台阶尺寸

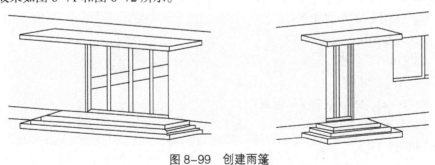

（a）   （b）

图 8-98 安装室外台阶

③ 创建雨篷。使用复制命令将最底层台阶垂直向上复制，间距为 3500mm，复制效果如图 8-99 所示。

整体效果如图 8-71 和图 8-72 所示。

图 8-99 创建雨篷

任务 5 创建小区三维立体模型

任务描述

本任务是将任务 1 中的建筑总平面图以实体模型的方式展现出来，如图 8-100 所示，从而使整个实战演练有一个比较完整的表达。所创建的小区内共有九座建筑，其中六座为已有建筑，分别为 A、B、C、D、E、F 座；三座为新建建筑，其实体模型见任务 4，三座新建建筑结构完全相同。

图 8-100　"海逸花园"整体效果图

任务分析

本任务的建模方法分为三种："A座"为拉伸建模；"B、C、D、E、F座"为多段体建模，辅助建模命令为三维矩形阵列命令；新建建筑为多段体建模，辅助建模命令为复制命令。

相关知识

创建三维立体小区的步骤如下：

① 绘图区域和图层的设置。

② 插入"DWG"参照。

③ 创建"A座"建筑。

④ 创建"B、C、D、E、F座"建筑。

⑤ 插入"新建建筑"的实体模型。

⑥ 插入植物。

任务实现 ——创建小区三维立体模型

1. 设定绘图区域

设定绘图区域的大小为 550 000×400 000。

2. 创建图层

创建图层，如图 8-101 所示。

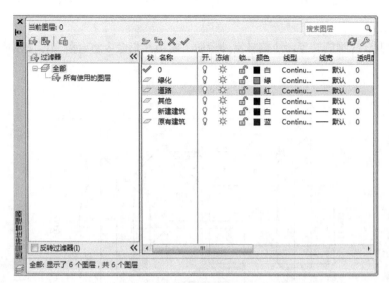

图 8-101 创建图层

3．小区总布局

所创建的小区为本单元任务 1 中的"海逸花园"，其总平面图在任务 1 中已绘制过，如图 8-102 所示。

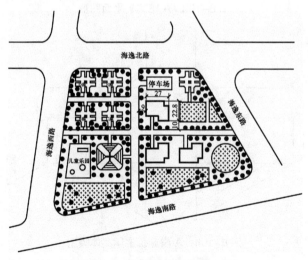

图 8-102 海逸花园总平面图

4．插入建筑总平面图

插入→DWG 参照，选择建筑总平面图。

5．创建"A 座"建筑

"A 座"平面图形如图 8-103 所示（该平面图的绘制见任务 1）。创建 a、b、c、d 各面域。

① 将所创建的 a、b、c、d 各个面域使用拉伸建模命令创建实体模型，拉伸高度均为 7600mm，如图 8-104 所示。

② 创建台阶的截面图形，尺寸如图 8-105 所示，使用拉伸建模，拉伸高度均为 20000mm，

如图 8-106 所示。

③ 使用复制，三维旋转等命令旋转室外台阶，使用并集命令将台阶和楼体生成一个实体，如图 8-107 所示。

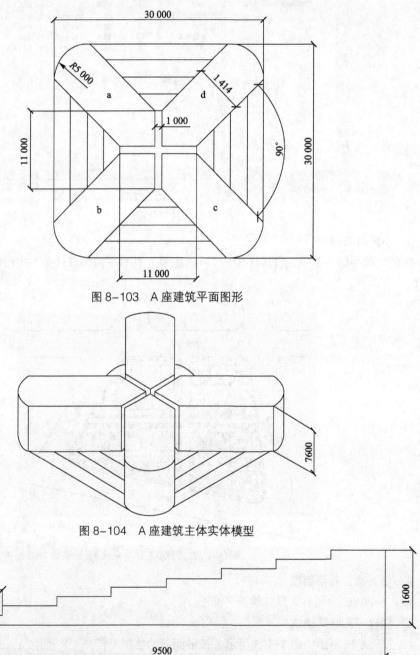

图 8-103　A 座建筑平面图形

图 8-104　A 座建筑主体实体模型

图 8-105　室外台阶的截面图形尺寸

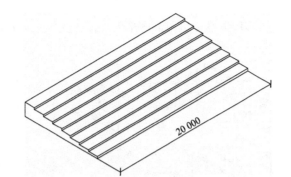

图 8-106 拉伸室外台阶成实体模型

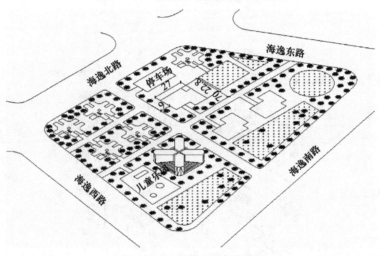

图 8-107 A 座建筑实体模型

6. 创建 "B、C、D、E、F 座" 建筑

"B、C、D、E、F 座" 建筑平面图形如图 8-108 所示。（该平面图的绘制见任务 1）

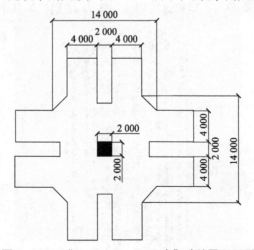

图 8-108 "B、C、D、E、F 座" 建筑平面图形

① 创建一层墙体，使用多段体命令以平面图形的线段作为轴线创建墙体，尺寸如图 8-109 所示。

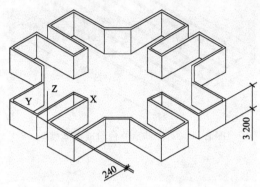

图 8-109　创建一层墙体

② 创建窗户，尺寸如图 8-110 所示。

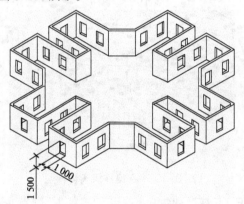

图 8-110　窗户尺寸

③ 使用三维矩形阵列命令将一层楼体阵列，层数为 12 层，阵列结果如图 8-111 所示。

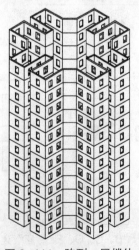

图 8-111　阵列一层楼体

④ 使用多段线、拉伸建模命令创建楼顶，拉伸高度为 550mm，效果如图 8-112 所示。

图 8-112　创建楼顶

7. 插入新建建筑

插入新建建筑实体模型，如图 8-113 所示。

图 8-113　插入"新建建筑"实体模型

8. 插入植物

关闭"DWG 参照"的图层，插入植物。小区内的植物如图 8-114 所示，树的创建过程见单元

7 任务 2，草的创建过程与树相同。最后整体效果如图 8-100 所示。

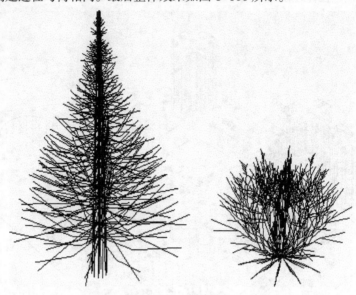

图 8-114　创建植物

参 考 文 献

[1] 朱立东. AutoCAD2014 建筑制图培训教程[M]. 北京：人民邮电出版社，2014.

[2] 郭静. AutoCAD2017 基础教程[M]. 北京：清华大学出版社，2017.

[3] 何培英. AutoCAD 计算机绘图实用教程[M]. 北京：高等教育出版社，2015.